Zu diesem Buch

Horst Sterns Fernsehsendungen über das Verhältnis Mensch–Tier lösten schon immer starke Zuschauerreaktionen aus. Die heftigen Emotionen jedoch, die die Ausstrahlung seines Dreiteilers «Die Stellvertreter – Tiere in der Pharmaforschung» zur Folge hatten, mußten auch einen Autor überraschen, der da einiges gewohnt war. Wenn es auch viele gab, die es begrüßten, daß hier endlich einmal jemand mit Sachverstand und innerem Engagement ein heißes Eisen anpackte, so war die Mehrheit der Reaktionen in ihrem Haß jedoch beängstigend. Daß Tierliebe höher bewertet wird als Menschenliebe wurde auf sehr drastische Weise deutlich. Daß den Forschern pauschal Sadismus im Umgang mit der Kreatur Tier vorgeworfen und in gleichem Atemzug «Vergeltung» gefordert wird, etwa: Triebtäter oder die Kinder der Wissenschaftler für die Versuche zu nutzen, läßt Rückschlüsse auf eine Haltung zu, die erklärt, warum der Tierschutzverein sehr viel mehr Mitglieder hat als der Kinderschutzbund.

Da aus den Reaktionen deutlich wurde, daß die anklagenden Bilder der Fernsehdokumentation den Zuschauern häufig die Ohren vor dem differenzierenden Begleittext verschlossen, gibt Horst Stern mit diesem Buch demjenigen Gelegenheit, sich genau zu informieren, der sich nicht mit Vorurteilen und sentimentalen, oberflächlichen Berichten abspeisen lassen will.

Horst Stern befürwortet die Tierversuche nicht, er verteidigt sie auch nicht. Er will sie nur an menschlichen Leiden relativieren, will eine zerstörerische, aufgeladene Diskussionssituation versachlichen. Nur so ist es möglich, zu überwachen, daß Tierversuche nur dort und in dem Umfang vorgenommen werden, wie es notwendig ist, um so zu leben, wie wir nun einmal leben wollen.

Als rororo lieferbar:
«Bemerkungen über Hunde» (rororo sachbuch 6855)
«Bemerkungen über Pferde» (rororo sachbuch 6841)
«Bemerkungen über Bienen» (rororo sachbuch 6881)

Horst Stern
Tierversuche

Mit 31 Fotos im Text

rororo
Rowohlt

Dieser Band enthält die Originaltexte der Drehbücher Horst Sterns für den Film «Die Stellvertreter – Tiere in der Pharmaforschung», der vom Süddeutschen Rundfunk, Stuttgart, hergestellt und von der ARD im Oktober 1978 ausgestrahlt wurde

Umschlagentwurf Manfred Waller (Foto: Seeliger/Stern)
Veröffentlicht im Rowohlt Taschenbuch Verlag GmbH,
Reinbek bei Hamburg, April 1981

Satz Times und Helvetica (Linotron 404)
Gesamtherstellung Clausen & Bosse, Leck
Printed in Germany
680-ISBN 3 499 17406 5

Inhalt

Vorwort

Es wird diesem Buch nicht anders ergehen als den drei Filmen, die ihm zugrunde liegen: angeklagt des nützlichen Idiotentums für die Pharma-Industrie, ja sogar der PR-Kumpanei mit ihr; geziehen auch der Blauäugigkeit, weil ich die Kellerverliese bei ihr noch immer nicht fand, in denen Tiere aus purer Lust gemartert werden; und beschimpft des Verrats an der leidenden Kreatur sowie der Geschäftemacherei mit ihrem Elend.

Nach drei Jahren Umgang mit dem Thema «Tierversuche in der Pharmaforschung» und nach Auslöffeln der heißen Suppe, die ich mir damit einbrockte, bin ich dem Achselzucken nahe, mit dem der behördliche Tierschutz, Gesundheitspolitiker und Pharmakologen schon lange die hysterischen Schmähungen durch die «Antivivisektionisten» quittieren. O wie ist es am Kilimandscharo so schön!

Aber darf man das: mit Kamera und Notizbuch ins Tierparadies retirieren, wenn man zwei Dutzend Filme gemacht hat über Mensch-Tier-Beziehungen und Lob und Preis dafür kassierte? Darf man dann die tragischste dieser Beziehungen unangerührt lassen, weil man im voraus weiß, daß die bewegten Bilder von Tierversuchen jedes zur ruhigen Betrachtung mahnende Begleitwort erschlagen und den verschlingen werden, der es wider besseres Wissen wagte, solche Bilder – siehe, das bist auch du! – den Pillen-, Putzmittel- und Parfumkonsumenten nach dem Abendbrot vor die gemütlich hochgelegten Füße zu legen?

Man darf es einmal nicht, wenn man Tiere mag. Man darf es zweimal nicht, wenn man Zugang zu den großen Medien hat. Man darf es dreimal nicht, wenn man weiß, daß nichts als der beharrliche journalistische Versuch, eine von schreibenden Scharfrichtern gesellschaftlich hingerichtete Wissenschaft zu resozialisieren, Tierleid quantitativ und qualitativ wird mindern können. Denn, nicht wahr: In einer technokratisch regierten Gesellschaft ist die Emotion ein unanständig Ding; man läßt sie tunlichst aus dem Spiel, wenn man Zustände verändern will. Man wird also auch den Zustand der tierexperimentell forschenden Wissenschaft nicht verändern, wenn man sie verteufelt. Schließlich stellt allein sie die Gutachter, die den technokratisch-wissenschaftlich gesonnenen Gesetzgeber beraten. Und die, die man für Un-Menschen hält, sind in einem wenigstens

nur allzumenschlich (auch wenn sie es bestreiten werden): in der sie solidarisierenden Trotzreaktion auf Schmähungen.
So waren denn die Filme – und so ist dies Buch – nichts anderes als der Versuch, die tierexperimentell forschende Wissenschaft, besonders die Pharmakologie, wieder gesellschaftsfähig zu machen, sie zurückzuholen an den Gesprächstisch der Gesellschaft, von dem eifernde Scharfmacher sie mit der kompromißlosen Forderung des Unmöglichen – Abschaffung *aller* Tierversuche – vertrieben.
Meine Position ist deutlich (und die in diesem Buch abgedruckten Originaltexte meiner Filme weisen es aus): Ich befürworte die Tierversuche nicht, ich verteidige sie nicht einmal. Ich relativiere sie nur am menschlichen Leiden und frage: Wer will, wer darf die weltweit nahezu einheitliche, erdrückende Mehrheitsmeinung der Wissenschaft, es ginge nicht, noch nicht und ganz wohl nie ohne Tierversuche in der Medizin, vom Tisch wischen mit einem Schwall von Schmähungen, die im Grunde allesamt in einem einzigen Wort – Sadismus – kulminieren?
Ich bestreite nicht (und die in diesem Buch abgedruckten Filmtexte weisen auch das aus), daß es in der Geschichte des Tierversuchs unerhört grausame, verachtenswerte Experimente gegeben hat. Ich frage nur: Wer der Forschung vorwirft, sie rechtfertige die Tierversuche von heute mit ihren Erfolgen von gestern – muß der sich nicht auch vorwerfen lassen, er verdamme die tierexperimentelle Teamforschung von heute mit ihren Kellergreueln von gestern?
So zu fragen bedeutet wiederum nicht, ich meinte, es sei heute, unter dem neuen Tierschutzgesetz, alles bestens. Es gibt Sadisten unter den Tierversuchsgegnern (sie forderten in nicht geringer Zahl in Briefen an mich und den SDR, statt an Tieren an Sittlichkeitsverbrechern zu experimentieren, einige auch, die Kinder der gezeigten Wissenschaftler dafür herzunehmen), und es gibt Sadisten unter Wissenschaftlern. Warum nennt man Briefschreiber mit solchen Moraldefekten pathologische Ausnahmen, hält einen unter Wissenschaftlern vorkommenden Sadismus aber für den Regelfall?
Ich verharmlose das rigorose Marktverhalten der Pharma-Industrie nicht (und die Filmtexte weisen auch das aus): ihre geschäftlich veranlaßten Neumischungen von längst im Handel befindlichen Arzneiwirkstoffen, ihre oft ethisch aufgeputzte Werbung, ihr konspiratives Schweigen, wenn Kritik ihr ans Eingemachte zu gehen droht. Ich frage nur, warum wir die Schattenseiten des kapitalistischen Systems, das wir in vielen Wahlen mit erdrückenden Mehrheiten bestätigt haben, nur an der Pharma-Industrie so deutlich wahrnehmen. Arbeitet der Gesellschaft liebstes Kind, die Automobilindustrie, um Gottes Lohn?
Es seien die Tiere, die die Pharma-Industrie verbrauche, und die Gesund-

heitsopfer, die sie in Pharmakatastrophen verursache? Da muß ich wiederum fragen: Wann verursachten die Produkte der Pharma-Industrie jemals – selbst weltweit gesehen – solche Gesundheitskatastrophen wie die Produkte der Automobilindustrie: allein in der Bundesrepublik an die 15000 Tote jährlich, die Krüppel nicht gezählt. Und hörte man nie von Modell-Rückrufen wegen lebensgefährlicher Konstruktionsfehler, von Reifen, die bei hohen Geschwindigkeiten, für die sie angepriesen worden waren, in Fetzen gingen?

Und weiß man nicht, daß – von USA ausgehend – Menschenaffen in hohen Dosierungen mit den Abgasen unserer Luxusmotoren zu Tode gebracht werden müssen, damit man erfährt, wieviel mehr Abgas wir uns in den vom Verkehrsinfarkt bedrohten Städten gesundheitlich noch leisten können? Kann man sich nicht denken, daß Kaninchen Haut und Augen zu Markte tragen mußten, damit diejenigen, die uns Luxusfarben wie «Saharagelb» oder «Arktisblau» auf die Luxuskarossen auftragen, nicht gesundheitlich Schaden nehmen? Las und sah man es nicht erst unlängst in einer Illustrierten, daß Affen in Crash-Tests zerdrückt wurden? Und expandiert der Automobilmarkt etwa weniger als der Pharmamarkt? Und sind Tierversuchsgegner daran nicht beteiligt, weil sie nur mit der Straßenbahn fahren?

Wissen wir nicht längst auch, daß zur Erprobung der Neutronenbombe (Forschungsfrage: Wie lange kann ein russischer Soldat nach Bestrahlung noch gegen uns kämpfen?) ganze Herden von Rhesusaffen in den Labors der amerikanischen (und wohl auch der russischen) Militärs mit hohen Dosen bestrahlt und dann, während sie sich speichelnd erbrechen und ihnen Haare und Zähne ausfallen, mit Elektroschocks gezwungen werden, sich in einer Lauftrommel bis zum Tode anzustrengen? Und ändert dies das Wahlverhalten der Tierversuchsgegner? Und was wohl, glaubt man, geschieht erst bei der Erforschung chemischer Kampfstoffe?

Ich übersehe auch nicht, daß Leistungsstreben und akademische Titelsucht in der tierexperimentell forschenden Wissenschaft zu Tierleid führen. Ich frage nur: Gibt es das nicht auch in wissenschaftlichen Bereichen, die uns wohlgefällig sind? Man gehe in einen Metzgerladen und höre, wie die Verbraucher – Tierversuchsgegner doch wohl auch darunter – selbst nur wenig fettes Schweinefleisch zurückweisen. «Das moderne Schwein», schrieb Martin Urban Ende 1978 in der *Süddeutschen Zeitung*, «ist die Antwort der Wissenschaft auf die Gesundheitswelle. Es hat dreißig Prozent weniger Speck als das der fünfziger Jahre. Es ist ein Fleischkoloß, der nicht mehr schmerzfrei auf seinen vier Haxen stehen kann, weil die Skelettentwicklung nicht mitgekommen ist. Infolge eines zu kleinen Herzens ist er kurzatmig und zugleich hochsensibel. Treibt man das Tier auch nur ein bißchen rasch durch den Stall – man hat das zu Zwecken einer Doktorarbeit ausprobiert – oder gar ins Schlachthaus, so gerät sein Hormonspiegel völlig durcheinander. 400000 Schweine sterben bei uns jährlich auf dem Weg zum Schlachthof, und vier bis fünf Millionen Ferkel verenden schon vorher.» Unter Schmerzen, darf man getrost anfügen, und gegenüber geschätzten 150000 Hunden, Katzen und Affen im Tierversuch – wenn man solche makabren Dinge überhaupt ins Verhältnis zueinander setzen darf.

Sam Shuster, Professor für Dermatologie an einer englischen Universität, gab im Oktober 1977 vor der Londoner *Royal Society* im Rahmen eines Vortrags über Tierversuche und ihre Darstellung in den Medien die folgende denkbare Beschreibung eines Tierversuchs: «Eines der Tiere wird aus der Gruppe herausgegriffen, die dort zusammengedrängt steht. Man hält es fest, weil es sich sehr wehrt. Seinem Kopf wird ein starker elektrischer Schlag versetzt. Nach dieser Art von Betäubung wird im Hals des Tieres ein Schnitt gemacht und das Blut entweder gesammelt oder vergossen, je nach Bedürfnis. Sobald das Tier aufgehört hat zu zucken, wird ein klaffender Schnitt in die Bauchdecke gelegt ...»
Shuster fuhr fort: «Dies hört sich entsetzlich an und ist die Sorte von Presseveröffentlichung, die einen schlechten Ruf begründet: Die Öffentlichkeit, die es liest, ist entsetzt. Aber ist es auch fair? Was ich Ihnen geschildert habe, ist nicht der Hergang eines Tierversuchs, sondern der Ablauf der Schlachtung eines Schweins zum Zweck der Lebensmittelgewinnung, und zwar in einem besonders guten Schlachthof, den ich besuchte. Die Medien geben dem Gewöhnlichen den Anschein des Ungewöhnlichen und umgekehrt. Man kann nicht anders als der Meinung zu sein, daß Journalisten wie auch Politiker eine Sache nicht so sehr vorantreiben um der Wirkung willen, die diese Sache aus sich heraus haben könnte, sondern um der Wirkung willen, die sich aus ihr erzielen läßt.
Eine große deutsche Illustrierte (ich will den Namen gar nicht nennen, sie sind sich in diesen Fragen alle gleich), schockierte im Sommer 1978 mit einem großen Photo, auf dem zu sehen war, wie man, in Schweden, einem auf einem Schießstand fixierten Schwein mit einem Gewehr in den Bauch schoß. Der Text sagte, das Tier diene danach Militärärzten als Übungsprojekt für Operationstechniken. Aber nicht daran, an dieser dem Schuß folgenden Operation, entzündete sich der Protest, vielmehr an der grausamen Beschießung des Tieres.
Ich fand das auch grausam, aber wenn ich bedenke, daß überall in den zivilisierten Ländern Männer von hohem gesellschaftlichem Ansehen Tieren von der Schnepfe bis zum Elefanten oft genug auch in die Bäuche

schießen, während sie sie zum sportlichen Vergnügen jagen, dann wundert mich die Erregung über dies arme Schwein, ein Tier doch, mit dessen Artgenossen ja, wie wir gesehen haben, auf Schlachthöfen auch nicht eben sanft umgegangen wird. Ich kann diese Erregung nicht teilen, weder was den Militärarzt noch was den Jäger betrifft, die beide ja auch durchaus ein paar hörenswerte Gründe für ihr Tun ins Feld zu führen haben: Verwundetenrettung beziehungsweise Biologie.

Die Illustrierte, von ihren Lesern belobigt ob ihres «Mutes», solche und ähnliche Forschungspraktiken angeprangert zu haben, schrieb stolz-bescheiden zurück, sie habe das für ihre «journalistische Pflicht» gehalten. Ich weiß das deshalb, weil mir ein paar dieser Illustrierten-Briefe von empörten Fernsehzuschauern, meiner «einseitigen» Filme wegen, als leuchtendes Beispiel journalistischer Pflichterfüllung um die roten Ohren gehauen wurden.

Ein paar Wochen später druckte das Bilderblatt das 135000-Mark-Inserat einer großen amerikanischen Kosmetikfirma, auf dem eine Dame von der üblichen blasierten Art das intensiv geschminkte Gesicht über den polierten Walnuß-Schaft eines Jagdgewehrs hielt, um so die neue Lidschattenfarbe «Jagdbraun» (oder so ähnlich) zu kreieren, so sagt man wohl.

Die *Blue-Eye-Rabbits*, Blau-Augen-Kaninchen in den toxikologischen Labors großer amerikanischer Kosmetikfirmen, sind berüchtigt: Tiere, die in Plastikgestellen fixiert die Giftigkeit von blauen Lidschatten-Substanzen zu ergründen hatten. Nun werden es wohl *Brown-Eye-Rabbits* gewesen sein.

Eine Hamburger Tageszeitung veröffentlichte 1978 das breitformatige Foto einer Frau, von der in einer Schlagzeile gesagt wurde, sie halte den Gedanken an die gemarterten Versuchstiere nicht mehr aus, sie habe eine Initiative gegen Tierversuche gegründet. Das dreispaltige Bildformat faßte lediglich drei ihrer fünf Hunde. «Antivivisektionisten», sagte jener schon zitierte Professor Sam Shuster, «sind Tierfreunde und halten sich oft Heimtiere, die meistens Hunde und Katzen sind, Fleischfresser also. Indem wir deren Zahl künstlich immer weiter vermehren, müssen wir immer größere Zahlen von Tieren zu ihrer Ernährung töten. Man erinnert sich noch gut an den Skandal, den es gab, als vor ein paar Jahren in Australien ein Känguruh-Massaker für die Heimtiernahrung stattfand.»

Ich möchte anfügen: Nicht nur für die Ernährung, auch für die medikamentöse Behandlung dieser oft aus Liebe krankgefütterten viel zu vielen Heimtiere müssen Hunderttausende von Versuchstieren leiden und sterben.

Wie viele Maßstäbe hat unsere Gesellschaft eigentlich für ihre Leiden, ihren Luxus und ihre Ängste? Und für die Anklagen an die Adresse de-

rer, die ihr die Leiden mildern, den Luxus beschaffen und die Ängste besänftigen? Das wohl krasseste Beispiel: Der mit einem geringen Krebsrisiko behaftete Süßstoff Saccharin gerät – nach Tierversuchen – in den USA auf den Verbotsindex, während der potente Krebserreger Zigarette nach Tierversuchen nicht nur unbehelligt bleibt, sondern mit Millionenaufwand für die Gesundheitszerstörung werben darf.
Es ist an der Zeit, die Pharmakologen zu entdämonisieren. Im Umgang mit einer Chemie, die zu einem zweiten, äußeren Blutkreislauf des modernen Menschen geworden ist, ohne den er nicht mehr leben kann, können wir es uns nicht leisten, ihnen leichtfertig Instrumente aus der Hand zu schlagen, ohne die sie nicht arbeiten zu können glauben. Dazu gehört der Tierversuch. Solange er maßvoll bleibt und human, die Gesetze beachtet und die Kontrolle der Öffentlichkeit nicht scheut, werden wir mit ihm leben müssen, wenn wir leben wollen, wie wir nun einmal leben: genußsüchtig bis zur Krankhaftigkeit, der Bequemlichkeit hörig und skrupellos im Umgang mit der Natur.

Freilich, auch die Forschung hat Anlaß für ein *mea culpa*, wenn es denn schon ohne Schuldverteilung in diesem Debakel zwischen ihr und ihren Gegnern nicht abgeht. Es ist ja nicht alles, was ihr vorgeworfen wird, fanatisierten Gehirnen entsprungen. Ihr überstrapaziertes Argument, sie diene nur dem Wohle der Menschheit, klingt tatsächlich so hohl, daß man dahinter getrost noch vieles andere vermuten darf. Den barmherzigen Samariter sollte sie sich abschminken.
Ich muß den Vorwurf nicht selbst formulieren. Jener Sam Shuster, den wir nun schon kennen, ein hochkarätiger Fachmann und ein Insider dazu, besorgte das schon 1977. Ich zitiere ihn: «Wenn Forscher behilflich sein wollen [ihr Bild und das ihrer Arbeit], der Öffentlichkeit neu zu vermitteln, dann müssen sie, was sie selbst betrifft, erheblich ehrlicher werden. Unsere Selbstdarstellung in der Öffentlichkeit war sehr schlecht. Wir haben Verwirrung gestiftet dadurch, daß wir die Motive der Forscher alles andere als wahrheitsgemäß darstellten. Wir haben die Trivialität in vielen Arbeiten verheimlicht und immer der Sucht der Medien nach ‹Durchbrüchen› in die Hände gespielt.»
Shuster weiter: «Am Beginn der Untersuchung ethischer Vorbehalte gegen Tierversuche sollte die Frage stehen, welches die Motive des Experimentators sind. Ich glaube, wir waren weniger als ehrlich über unsere wirklichen Motive, sowohl gegenüber uns selbst als auch gegenüber der Öffentlichkeit. Der Wissenschaftler wird getrieben vom Doppelmotiv Neugier und Belohnung, und von diesen beiden ist die Neugier die stärkste. Wir sind neugierig, darum experimentieren wir. Der Wunsch, eine

Krankheit zu heilen, ist in Wirklichkeit die Neugier auf den Krankheitsprozeß, oder das sublimierte Motiv ist Belohnung, weil Aussicht auf Ruhm und Vermögen mit der Anwendbarkeit der Forschung wachsen. Nun führt das Motiv Belohnung nicht notwendigerweise zu schlechten Dingen, so wenig wie gute Motive notwendigerweise zu guten Dingen führen. Man braucht da nur an die schlimmen Folgen hochtönender politischer und religiöser Glaubenssätze in allen Jahrhunderten zu denken. Natürlich wollen Wissenschaftler das Wohl der Menschheit, und manchmal arbeiten sie sogar für dieses Wohl. Aber dies Wohl ist nicht das Motiv und kann es auch niemals sein.»

Auf dem Boden eines solchen Argumentierens könnte neue Glaubwürdigkeit wachsen, Verständnis auch, denn schließlich sind Neugier und Aussicht auf Ruhm oder Vermögen die Triebfedern wohl der meisten menschlichen Tätigkeiten. Daran ist a priori nichts Schlechtes, und warum sollten Wissenschaftler – Menschen doch auch nur – besser sein? Moral? Sie war ohnehin durch die Zeiten stets wandelbar. Was allein die heute möglich gewordene Heilung von Geschlechtskrankheiten und die Erfindung der empfängnisverhütenden Pille auf dem Gebiet der Moral verändert haben, muß nicht ausgeführt werden. Es dringt von allen Kanzeln.
Gebricht es der Forschung an Ehrlichkeit in der Darstellung ihrer Motive, so mangelt es ihren Kritikern zu oft an der Seriosität der Anklagen. Mit sinkendem intellektuellem Niveau einer Publikation sinkt auch die Kritik am eigenen Argument. Man setzt Zahlen in die Welt, die kein Leser überprüfen kann. Man imponiert mit Zitaten, die auf ihrem Weg durch die Druckpressen immer platter, plakativer werden. Namen werden wie Fetische gehandelt, akademische Titel der eigenen Zeugen wie Fanfaren geblasen, die der gegnerischen aber bei dem, der sie zitiert, als «Hörigkeit vor den weißen Kitteln der Professoren» diffamiert. So wird die Verwirrung in der Öffentlichkeit immer größer.
Hin und wieder macht sich dann jemand daran, der Quelle einer besonders abenteuerlichen, häufig publizierten Behauptung nachzugehen. Ich möchte zwei solcher Enthüllungen von Enthüllungen hier Raum geben.

1. Eine Standardbehauptung der Pharma-Kritiker, die von der Antivivisektionsliteratur freudig aufgegriffen wird, lautet: *30 Prozent aller Krankheiten sind durch Medikamente verursacht. 25 Prozent aller Patienten zeigen schädliche Arzneimittelnebenwirkungen.* Daraus wird stets gefolgert: Tierversuche sind also untauglich, zur Sicherheit von Medikamenten bei-

zutragen. Beweise dafür, wenn es sie gibt, werden der Öffentlichkeit nicht vorgelegt. Es sind Glaubenssätze, und sie dringen oft in die Hirne selbst kritischer Leute ein.
1971 sagte der berühmte amerikanische Verbraucheranwalt Ralph Nader vor einer US-Senatskommission aus, «daß nach der konservativsten Schätzung von FDA [die amerikanische Zulassungsbehörde für Medikamente] täglich 100 Amerikaner an Arzneimittelnebenwirkungen sterben».
Es gibt aber keine FDA-Untersuchung, die eine solche Aussage stützen würde, stellte Walter S. Ross in *Reader's Digest Press* in einer großen Untersuchung fest (*The Life/Death Ratio – Benefits and Risks in Modern Medicine,* 1977). Einer von Ralph Naders Abteilungschefs, Dr. Sidney Wolfe, sagte dann, die Quelle sei die Rede eines Dr. Donald Rucker. Dr. Rucker, als er befragt wurde, sagte, seine Quelle sei ein Artikel im *New England Journal of Medicine*. Aber auch dieser Artikel erhärtete die Aussage Naders nicht. Ross: «Die wirkliche Quelle dieser Aussage zu finden, gleicht dem Versuch, fliegende Untertassen dingfest zu machen.»
1974 war der Leichenberg von 100 täglichen Toten (eine US-Jahresquote von 36500) in einem Buch der Pharma-Kritiker Silvermann und Lee (*Pills, Profits and Politics*) schon auf 140000 Tote angewachsen. Ich verkürze die Groteske hier, die auch in anderen Veröffentlichungen mit diesen Zahlenspielen aufgeführt wurde. Es stellte sich schließlich heraus, daß die horrenden Todeszahlen auf der Basis von 27 Sterbefällen in sechs Krankenstationen hochgerechnet worden waren auf 32 Millionen Patienten in allen US-Krankenhäusern (darunter sechs bis sieben Millionen schwangere oder entbundene Frauen mit ihren Neugeborenen). So wurden aus jedem dieser 27 Toten einer Boston-Studie 5185 Leichen quer durch die Vereinigten Staaten. Dabei stammten diese Toten alle aus *Medical Wards*, vergleichbar etwa Intensivstationen, deren Insassen mit den Patienten von Allgemein-Krankenhäusern nicht verglichen werden können.
Die Untersuchung von elf Todesfällen in einer Florida-Studie, mit denen ein ähnlicher statistischer Unfug getrieben worden war, ergab, daß zwei unter den Verstorbenen, deren Tod den Nebenwirkungen von Medikamenten angelastet worden war, an Leukämie gelitten hatten, einer an Lymphdrüsenkrebs, zwei an Nephritis, einer lebensgefährlichen Nierenkrankheit, ein weiterer an chronischer Herzinsuffizienz und ein siebter an Urämie, einer von kranken Nieren ausgehenden Blutvergiftung, kompliziert noch durch Bluthochdruck. Mit anderen Worten: Sieben dieser elf Toten waren von lebensgefährlichen Krankheiten befallen und dem Tode nahe gewesen. Es ist aber anerkannte Praktik, auch risikoreiche Neben-

wirkungen eines Medikaments in Kauf zu nehmen, wenn es gilt, den Tod abzuwehren.
1974 veröffentlichten die Autoren Karch und Lasagna, beide klinische Pharmakologen (also Angehörige einer Forschungsrichtung, die am Menschen statt am Tier orientiert ist) eine umfangreiche Untersuchung aller verfügbaren Daten von Medikamentennebenwirkungen. Sie kamen zu folgendem Schluß: «Eine Hochrechnung der verfügbaren Daten kann keine gültige Abschätzung des Problems der schädlichen Nebenwirkungen von Medikamenten in den USA erbringen. Ausreichend Daten für gültige Hochrechnungen sind einfach nicht vorhanden.»
Wir wollen um Himmels willen nun nicht auch noch fragen, was Zahlen über Arzneimittelschäden durch Nebenwirkungen wert sind angesichts einer von der *Süddeutschen Zeitung* im Dezember 1978 veröffentlichten Untersuchung, wonach 35 bis 40 Prozent (bei Depressiven 70 und bei Hochdruckkranken sogar 80 Prozent) aller vom Arzt verschriebenen Medikamente ins Klo wandern ...
Postscriptum: Vorsichtig geworden durch die Kritik von Fernsehzuschauern, die die Kunst beherrschen, einen Film zu bewerten, während sie gleichzeitig über ihn am Telefon schimpfen, füge ich für Diagonalleser an: Es wurde hier nicht behauptet, daß es *keine* schädlichen Nebenwirkungen von Medikamenten gäbe.

2. In der Oktober-Ausgabe 1975 der Zeitschrift *Tier* veröffentlichte der von mir sehr geschätzte Robert Jungk einen Leitartikel, der die Überschrift trug: «Millionen Versuchstiere werden unnötig geopfert.» Es handelte sich um die Würdigung eines Buches, das heute zu den Hauptzeugen gegen Tierversuche in der Pharmaforschung zählt: *Victims of Science* (*Opfer der Wissenschaft*); Verfasser ist der in Oxford tätige klinische Psychologe Richard D. Ryder.
Unter Berufung auf ihn schrieb Jungk: «Laut vertraulichen Nachrichten des mit der Überwachung von Tierversuchen betrauten englischen Ministeriums wird ein erheblicher Teil der angeblich nur für lebenswichtige medizinische Forschungen gestatteten Tierquälereien zur Entwicklung und Erprobung von Schaumbädern, Intimsprays, Desodorans, Zigaretten unternommen.»
Seither zählt auch Robert Jungk zu den wissenschaftlich legitimierten Kronzeugen wider jedweden Tierversuch. Er wurde per Vereinsstempel und Postversand vom «Bund gegen den Mißbrauch der Tiere (vorm. Bund gegen die Vivisektion e. V.)» vereinnahmt.
Wie das so geht, eskalierte der Jungk-Text. Im März 1976 schrieb das Hannoveraner Psychiater-Ehepaar Stiller (s. Anhang, S. 149) an das *Göt-*

tinger Tageblatt unter anderem: «Die ‹unbedingte Notwendigkeit zum Wohle der Menschheit› wird von Versuchstierforschern zwar immer behauptet, aber nach Ryder sind mehr als zwei Drittel der vorgenommenen Versuche völlig unnötig und die Ergebnisse des verbleibenden Drittels nicht einmal beweiskräftig.» Auch dieser Text wurde vervielfältigt und ausgestreut.

Ich recherchierte damals schon für meine Filme, und so geriet ich auch an die Arbeit jenes Sam Shuster, Professor für Dermatologie in England, den ich schon bemühte. Shuster hatte auch in England solche und ähnliche Interpretationen immer wieder in der Antivivisektionsliteratur gefunden, und nicht nur dort. Aus seiner Insider-Kenntnis der englischen Pharmaforschung hielt er – bei aller kritischen Einsicht in die Trivialität vieler Experimente – die Mengenangabe «mehr als zwei Drittel» für maßlos übertrieben. Er beschloß, der Sache nachzugehen. Ich glaube, seine Recherchen für glaubhaft halten zu dürfen. Er trug sie immerhin in der Londoner *Royal Society* vor wissenschaftlichem Publikum vor.

Shuster telefonierte mit dem *Observer*, mit der hochangesehenen Medizinzeitschrift *The Lancet* und mit dem *New Scientist*. Sie alle hatten diese 1:2-Story über den Sinn und Unsinn englischer Tierversuche auch veröffentlicht. Nein, sagten die zuständigen Redakteure (der von *Lancet*, wie Shuster anmerkt, immerhin «leicht peinlich berührt»), nein, selber geprüft hätten sie diese Zahlen nicht. Als Quelle nannten sie alle Ryder (oder sich gegenseitig).

Also klingelte Shuster bei Ryder an. Ich lasse ihn das selber erzählen: «Er war äußerst hilfreich und bestätigte, daß seine Quelle für das Zahlenmaterial das *Home Office* (Innenministerium) sei. Aber er wies mich darauf hin, daß er niemals affirmativ gesagt habe, weniger als ein Drittel der Tierversuche diente medizinischen Zwecken. Was er tatsächlich gesagt habe, sei dies: ‹In anderen Worten, weniger als ein Drittel aller lizenzierten Versuche an lebenden Tieren können als medizinisch veranlaßt gesehen werden (*can be seen to be medical*).› Abbildung 3 (immer noch Originalton Ryder) illustriert die ständige, sich über Jahre erstreckende Abnahme von Forschungen, die offensichtlich medizinisch sind.» So stehe es auch auf Seite 32 des Ryderschen Buches, sagt Shuster. Und er zitiert Ryder zur Sache noch einmal richtig, diesmal aus *Scientific Cruelty for Profit* (1974): «Wenn also die meisten Forschungen nicht medizinisch sind, was sind sie dann?» Man erkennt: Ryder stellte mangels ausreichender Informationen bloß eine Frage, eine Suggestivfrage freilich, die seine Epigonen für ihn mehr oder weniger phantasiereich beantworteten. Ryder zu Shuster: Er sei wiederholt falsch zitiert worden.

Und von den «vertraulichen Nachrichten» des *Home Office*, die Robert

Jungk erwähnt, sagt Shuster: «Zu der Zeit, als Ryder seine Zahlen präsentierte, waren detaillierte Zahlen nicht erhältlich, und zwar einfach deshalb nicht, weil das *Home Office* sie zu der Zeit überhaupt nicht erhob.» Eine summarische *Home Office*-Übersicht über die Rückmeldungen der lizenzierten Tierexperimentatoren habe lediglich gezeigt, daß weniger als ein Drittel der Versuche klar medizinisch waren; über den Rest habe es nur sehr spärliche Angaben gegeben. Ryder hatte also das dürftige Material korrekt – als Frage – behandelt.
Das *Home Office* ließ Shuster 1977 dann Einblick nehmen in eine neuere Pilot-Studie, die auf der Basis von 86000 Experimenten statistisch erstellt worden war. Die Studie basiert auf dem neuen Meldeformular des *Home Office*. Sie zeigt, daß über 75 Prozent aller Tierexperimente in England in direkter Verbindung mit der medizinischen und pharmakologischen Forschung stehen; etwa 90 Prozent des Restes bestehen aus Grundlagenforschung in enger Beziehung zu medizinischen Problemstellungen (Forschungen an Bakterien, Viren, Gewebe-Transplantationen und -Reparatur). Sehr wenige Experimente betrafen Haut- und Augenirritationen, und der mit Kosmetika befaßte Anteil an den Experimenten war zu klein, um statistisch überhaupt definiert werden zu können. Shuster schätzte ihn in Erwartung detaillierterer Erhebungen von 1978 dennoch auf ein bis zwei Prozent. (Für Nordamerika mit seinem großen Weltmarktanteil an Kosmetika und seinen rigorosen Sicherheitsbestimmungen liegen die Schätzungen des Anteils dieser Branche am Versuchstierverbrauch bei 10 bis 15 Prozent.)
Auf dem 8. Welttierschutzkongreß 1978 in Berlin sagte Ryder, daß etwa 80 Prozent der 5,8 Millionen jährlich in Großbritannien durchgeführten Tierversuche nicht der medizinischen, sondern der chemischen und kosmetischen Testung dienten, «die im Fall der Kosmetika völlig entbehrlich sind» (Mitteilung der SCIVU – Internationale VegetarierUnion vom 11. 1. 1979). Im Licht der neuesten, von Shuster zitierten *Home Office*-Erhebungen läßt dies die Deutung zu, daß Ryder nur ein bis zwei Prozent aller englischen Tierversuche für «völlig entbehrlich» hält. Soviel über die Kunst, mit Zahlen alles und nichts zu beweisen.
Und nun auch noch dies: Nach der Zeitschrift *New Scientist* vom 20. 1. 1977 werden in England von etwa 10000 Wissenschaftlern jährlich fünf bis sechs Millionen Versuchstiere gebraucht. Es kämen so in der biomedizinischen Forschung auf 13 Engländer eine Maus und auf 3000 ein Hund. Demgegenüber seien verantwortlich: ein Engländer jährlich für den Tod von 8 Hühnern, drei Engländer für das Ende eines Schweins, vier für die Schlachtung eines Schafs und zehn für das Ende eines Rinds.
Postscriptum: Vorsichtig geworden durch eine Fernsehkritik, die die

Kunst beherrscht, drei Filme zu verreißen, von denen sie nur einen gesehen hat (s. Anhang S. 168), sage ich für jene, die einen Textabschnitt nur anlesen: Es wurde nicht versucht, die Tieropfer für die kosmetische Industrie zu verharmlosen (s. Anhang S. 141 ff.).

Ich könnte beliebig lange fortfahren in der faktischen Schärfung von publizistischen Dumdum-Geschossen, die schwere Wunden reißen in die im Interesse der Versuchstiere bitter nötige Solidarität zwischen Wissenschaft und Öffentlichkeit. Ich lasse das. Es lag mir nur daran, auf beiden Seiten den Heiligenschein etwas tiefer zu hängen, mit dem sie sich gern schmücken. Gefragt ist Moderation, nicht Anklage.

In diesem Sinne werte ich einen Brief, den ich für zitierenswert halte, weil er die Absicht meiner Filme am deutlichsten beschreibt. Eine Frau, Barbara Winther aus Wedemark, schrieb mir nach der Sendung: «Ich habe es auch nur mit ziemlich viel Alkohol im Leib ausgehalten. Natürlichste Reaktion: Man möchte kämpfen und etwas ändern, eine Verhaltensweise, die uns westlichen Menschen ohnehin besonders naheliegt und durch zahlreiche Bürgerinitiativen, neue Unterrichtsinhalte usw. auch sehr gefördert wird. Nur braucht man dazu ein Feindbild – und das macht einem der Herr Stern mit diesem Film kaputt! Ich muß gestehen, daß ich auch erbittert war, daß Ihr Film mir die Flucht nach vorn, in den Zorn und in irgendeine Aktion unmöglich machte, daß die Sache also so einfach nicht ist ... Es ist sicher eines der am schwersten zu lernenden Dinge, nicht rein emotional und fanatisch für eine Sache zu kämpfen und andererseits nicht zu resignieren und aufzugeben, wenn man den Standpunkt der Gegenseite versteht und respektiert. Hierzu haben Sie mit Ihrem Film einen ganz wesentlichen Beitrag geleistet. Ich hoffe sehr, daß er zu einem Buch wird ...»

Hier ist es. Es maßt sich nicht an, das Problem vollständig zu beschreiben. Es bietet Informationen statt Sensationen und keine Patentrezepte. Es ist im Chor der Horrordarsteller eine Stimme, die zur Besonnenheit mahnt: Wer mit der Peitsche nach der Hand schlägt, die ein Versuchstier hält, trifft leicht mit der Hand auch das Tier.

Hohenegg, Februar 1979 | Horst Stern

Erster Teil

Der Leib

Horst Stern (Anfangsmoderation):
Das Thema Tierversuche wird derzeit auf seiten der Öffentlichkeit mit einer Heftigkeit diskutiert, die leider oft jedes Maß an Sachlichkeit und Differenzierung vermissen läßt. Doch ist die des Sadismus angeklagte Wissenschaft mitschuldig daran. Durch ihr peinliches Schweigen, selbst noch zu den Horror-Experimenten des amerikanischen Affenkopf-Verpflanzers White, nährt sie den Verdacht, in der Tat eine Bande von Frankensteins zu sein, die in den verschlossenen Gettos ihrer Laboratorien aus Gründen des Firmenprofits oder der akademischen Titelsucht Tiere quält.
Meine Versuche, mit Kameras in die Laboratorien der pharmazeutischen Industrie einzudringen, scheiterten lange Zeit – nicht so sehr, wie ich heute weiß, weil das, was dort geschieht, das Licht der Öffentlichkeit zu scheuen hätte. Die Verantwortlichen haben Angst vor der filmischen Verdichtung ihrer Arbeit zu Bildfolgen, gegen deren ungeheure emotionale Schubkraft kein um Sachlichkeit bemühter Kommentar – so glauben sie jedenfalls – auch nur die Chance des Gehörtwerdens haben könnte.
Es gelang mir schließlich, in mehreren Tierexperimentatoren des Schweizer Pharmakonzerns Ciba-Geigy die Einsicht zu wecken, daß es eines Wissenschaftlers unwürdig sei, in dieser Risikoscheu zu verharren und in kleinbürgerlicher Sorge um den privaten guten Ruf die eigene Arbeit vor der Öffentlichkeit zu verstecken, wenn diese Arbeit doch, wie stets behauptet wird, der ärztlichen Ethik nicht entbehrt.

(Die Medizinisch-Pharmazeutische Studiengesellschaft, deren Mitglieder sieben große deutsche Pharmafirmen sind, am 27. 12. 78 in einer brieflichen Mitteilung an mich: «Nach wie vor gibt es keinen einheitlichen Standpunkt in der Pharmazeutischen Industrie, ob das Thema Tierversuche öffentlich diskutiert werden soll.» Das Eis brach aber nach den Filmen: Man versprach mir Tierverbrauchszahlen, um die ich nachsuchte; s. Anhang S. 172 ff.)

Nach monatelang sich hinziehenden Gesprächen gingen schließlich die Türen auf. Ich war nach mehr als einjähriger Dreharbeit sicher: Es waren alle Türen. Und nicht nur das: Mehrere Tierexperimentatoren, Schweizer und Deutsche, legten auch ihre bürgerliche Existenz vor der Kamera bloß und stellten sich in ihrer privaten Umgebung den schweren moralischen Anschuldigungen, die der wissenschaftliche Wortführer der deutschsprachigen Tierversuchsgegner, der Hannoveraner Psychiater Herbert Stiller, in seiner überall zitierten Kampfschrift *Tierversuch und Tierexperimentator* erhebt.

(Laut gewordene Kritik am Fehlen eines solchen Bildmaterials übersieht, unabhängig von der Frage der Beschaffbarkeit, daß die seelische Belastbarkeit der Zuschauer schon mit dem Gezeigten oft genug überschritten war. Nach wie vor ist unter Pädagogen umstritten, ob das Thema Tierversuch überhaupt mittels bewegter Bilder objektivierbar ist. Die Universität Ulm, die Max-Planck-Gesellschaft und wohl auch das Zentrale Tierlabor der Medizinischen Hochschule Hannover würden mich heute, wie ich aus Gesprächen weiß, bei sich arbeiten lassen. Die Frage ist: Wer will das, kann das nach dieser Trilogie noch sehen?)

Unser Film zeigt trotz seiner Gesamtlänge von dreimal 45 Minuten nicht das ganze Bild der Tierversuche – das sage ich mit Nachdruck. Das Gebiet der militärischen Waffen-, Bakterien- und Strahlenforschung berühre ich nicht, auch nicht das der experimentellen Medizin und der Universitätsarbeit. In diesen Bereichen wurden in der Vergangenheit grauenhafte Experimente an Tieren verübt; sie sind auch heute nicht auszuschließen. Aber dokumentarisches Filmmaterial davon war nicht machbar.

Die Beschränkung auf die Pharmaforschung ist aber auch deshalb gerechtfertigt, weil sie weltweit den weitaus größten Tierverbrauch hat und weil sie als marktabhängige Wissenschaft noch am ehesten auf sachlich begründete öffentliche Kritik mit einer Verminderung von Tierleid reagiert. Haß und Zorn indessen, so verständlich sie sein mögen, richten gewiß nichts aus.

Ich mute Ihnen trotz thematischer Beschränkung und trotz großer Diskretion beim Drehen und beim Filmschnitt viel zu, meine Damen und Herren. Die Versuchung, per Knopfdruck in eine heile Welt zu fliehen, wird im Verlauf dieser Filmtrilogie wachsen. Ich bitte Sie, harren Sie aus. Sie sind es der Glaubwürdigkeit Ihres vorauszusehenden Protestes schuldig. Eine Gesellschaft, die geradezu süchtig zu sein scheint nach fiktiver Gewalt im Fernsehen, sollte wenigstens einmal – so meine ich – den Mut haben, jener realen Gewalt ins Gesicht zu schauen, die täglich in unser aller Namen tausendfach an Tieren verübt wird.

Kameramann Jens Möller und Horst Stern im Gesellschaftsraum für Katzen, denen operativ Nadelelektroden in verschiedene Hirnzentren eingesetzt wurden. Die Tiere werden mit Hilfe von Schwachstrom, der die angestochenen Hirnteile reizt, in der Schlaf-, Epilepsie- und Spastizitätsforschung benutzt.

«Dem Tempo, mit dem wir unsere Umwelt verändern, können unsere natürlichen Anpassungsmechanismen nicht folgen. Körperlich werden wir noch für ein Leben als Jäger und Sammler programmiert sein, wenn es auf dieser Erde längst nichts mehr zu jagen und zu sammeln gibt. Dieses immer weitere Auseinanderklaffen zwischen Umweltbedingungen und biologischer Eignung ist die Ursache für 80 Prozent aller Krankheiten in diesem Teil der Welt. Die Evolution der Arten lehrt, daß ein so weitgehender Grad von Fehlanpassung stets zum Aussterben der Art führt.

Der Homo sapiens in der Sackgasse der Evolution! Vorletzter Akt einer Groteske: Der Mensch macht verzweifelte Anstrengungen, seinem Schicksal zu entfliehen, indem er zwecklos auf der Stelle tritt. Obwohl viele gefährliche Krankheiten verschwunden sind, wird die Menschheit nicht gesünder. Auch wenn die echte Zahl der Kranken unbekannt bleibt.

Bild- und Wortzitat aus dem Industriefilm «Die lautlose Revolution» der Pharma-Information, Basel

Großstadt-Szenerie. Menschenmassen auf Straßen, Rolltreppen, Verkehr, Beton-Architektur

Kamera-Rückfahrt: Einsamer Mann auf Hochhausdach trimmt sich auf einem Standfahrrad. Während sich Blickwinkel der Kamera gleitend erweitert, wird Wolkenkratzer-Umgebung sichtbar

Straßenpassanten im Großstadtgewühl, der eine und der andere diskret Pillen schluckend

Viele leben mit einem Medikament recht gut und fast beschwerdefrei. Wir erreichen eine Art Anpassung, indem wir durch zum Teil jahrzehntelange Medikation die Symptome unseres Verfalls niedrig halten. Der Herzkranke ist eingestellt auf eine bestimmte Tagesdosis seines Medikaments. Der Zuckerkranke lebt mit seiner Insulinspritze, Neurotiker und Depressive leben mit Psychopharmaka. Blutdruck, Verdauung, Schlaf und Stimmung werden künstlich reguliert.»

Horst Stern:

Zitat-Ton ausgeblendet

In den sechziger Jahren, als dieser inzwischen zurückgezogene Film entstand, hielt die pharmazeutische Industrie den Menschen grundsätzlich für anpaßbar an seine kaputte Umwelt. Glück und Gesundheit schienen in der Apotheke käuflich zu sein.

(Die Pharma-Information Basel, ein PR-Pool der Firmen Ciba-Geigy, Sandoz und Roche, zog den Film «Die lautlose Revolution» aus dem Verkehr, als die Kritik an der gottähnlichen Selbstdarstellung der Pharmaforschung wuchs.)

Inzwischen zog der Zweifel auch in die Laboratorien ein. Der Name Contergan steht heute für den Versuch, den Teufel mit dem Beelzebub auszutreiben. Aber immer noch müssen ungezählte Millionen von Tieren leiden und sterben, damit die Unsicherheit menschlicher Existenz ein bißchen sicherer wird. Immer noch schikken wir auf der Suche nach Freiheit von Schmerz und Leid, die zu tragen wir nicht bereit sind, die Tiere in die Hölle unserer eigenen, oft selbstverschuldeten Krankheiten. Und während wir in Philosophie und Religion jede Gleichheit mit den Tieren entrüstet leugnen, sind sie uns doch gleich genug, wenn es um die Antwort ihrer Organe auf Giftstoffe geht, die an uns selbst auszuprobieren unsere Ethik nicht zuläßt.

Bild-Montage aus Tierversuchsszenen: u. a. «Wutkatze» und Rhesusaffe im epileptischen Anfall

Ein Hund wird im Labor für eine Operation präpariert. Das Tier in Vollnarkose, mit sterilen Tüchern abgedeckt. Das Operationsfeld ist rasiert. Schnitt mit dem Messer (verdeckt durch Tuch)

Über 300000 Menschen sterben jährlich in der Bundesrepublik an den Folgen eines zu hohen Blutdrucks. Herz, Hirn, Nieren und Gefäße sind betroffen. Die Prüfung blutdrucksenkender Medikamente geschieht vorzugsweise am Hund. Da Hunde normalerweise einen zu hohen Blutdruck nicht haben, wird er den Versuchstieren operativ beigebracht.

Man wird den narkotisierten Hund, einen Bastard, sogleich öffnen und ihm mit einer Klemmschraube eine Nierenarterie verengen. Nach glücklich verlaufener

Operation ist der Patient dann krank, hochdruckkrank. Seine medikamentöse Behandlung zum Wohl zu viel rauchender, zu viel trinkender, zu viel essender und zu viel im Auto sitzender Menschen kann beginnen.
Doch interessiert uns nicht die Technik der Operation. Wir fragen vielmehr: Was sind das für Wissenschaftler, die gesunde Tiere krank machen? Da ist zum Beispiel: Hellmut Brunner, Professor der Medizin, Jahrgang 1922. Nach Studium in Würzburg und Habilitation in Pharmakologie und Toxikologie an der Universität Mainz seit 1960 bei Ciba. Operationen dieser Art sind für ihn Routine, Sache des Laborpersonals. Er ist nur für die Kamera dabei, als Dokumentation seiner Verantwortung.

Prof. Dr. Brunners Kopf über Hundekörper

«Haben Sie die Nierenarterie?» («Jawohl, hier») «Dann gehen wir mit der Klammer drüber und ... fertig?» («Ja») «Jawohl, und jetzt wird die Nierenarterie eingeengt, indem man eine Schraube zudreht – nicht ganz zumachen, jawohl, das ist sehr gut. Da entsteht jetzt ein Hochdruck innerhalb von drei Wochen bei dem Hund, der beim Menschen in einzelnen Fällen auch vorkommt. Sehr schön, jawohl ... gut.»

Brunner und Laboranten im Dialog während der Operation

Horst Stern:
Diese Routine, die ein Tier zum Meßgerät macht, provoziert auf seiten des Tierschutzes Anschuldigungen wie diese:

«Ganz allgemein sind Tierexperimentatoren Spezialisten, die einen Bereich auf Kosten anderer Bereiche besonders entwickelt haben, und zwar den technisch-experimentellen. Art und Verhalten erinnern manchmal stark an das Probierstadium des Kindes oder an das sogenannte Brutalitätsalter ... In dieser Probierphase sind viele Tierexperimentatoren offenbar steckengeblieben und haben die Entwicklungsstufe der ethischen Differenzierung gar nicht erreicht.»

(H. u. M. Stiller,
Tierversuch und Tierexperimentator, 1976)

Text auf Abdecktuch über Hund, gelesen von einem Sprecher

Prof. Brunner auf Balkon seines Hauses, Freizeitkleidung

Brunner, Schweizer Staatsbürger inzwischen und aufgerückt zum Leiter der Pharmakologie im Basler Konzern Ciba-Geigy, zögert keinen Augenblick, sich dieser schweren Anschuldigung unter Preisgabe seines bürgerlichen Lebens zu stellen.
Liesl Brunner, seine Frau, die als Ärztin wie er mit Tieren experimentiert, schließt sich ihm an, wenn er sagt:

Professor Brunner:

Brunner und Frau passieren Wohnzimmerglasfront, gehen spazieren

«Ich habe es satt, mich mit der Arroganz von Leuten auseinanderzusetzen, die da sagen: ‹Tierexperimente machen uns Spaß.› Solche Anwürfe können nur von Leuten kommen, die nie in der Verantwortung gestanden haben, Arzneimittel – bessere und sicherere Heilmittel – für den Menschen bereitzustellen. Es wäre wünschenswert, daß vermehrt Humanmediziner zum Tierexperiment finden und dieses Feld nicht etwa Zoologen, Biochemikern und anderen Spezialisten überlassen; denn dann besteht die Gefahr, daß die Forschung sich in Zukunft mit dem Rücken zum Patienten und mit dem Gesicht zum Tierexperiment hin entwikkelt.»

Horst Stern:

Kameraschwenk von Basler Rheinbrücke zurück ins Labor

In Basel sammeln sich die Widersprüche der Industriegesellschaft wie in einem Brennglas. Hier beginnt der Rhein sich mit den giftigen Ausscheidungen dreier Länder zu beladen und hier auch versucht man der Selbstzerstörung des modernen Menschen mit neuen Giften Einhalt zu gebieten. Zum Beispiel dem Herztod. Dr. Liesl Brunner setzt bei Ratten einen künstlichen Infarkt.

Dr. Liesl Brunner:

Narkotisierte Ratte

«Da wird erst einmal ein Hautschnitt gemacht, neben dem Brustbein ... die Muskeln werden zur Seite geschoben ... jetzt wird die sechste Rippe durchtrennt, und jetzt muß es sehr schnell gehen, sonst kommt die Ratte nachher nicht mehr zu sich. Das Herz wird herausgequetscht, dann wird eine Unterbindung einer

Herzkranzarterie vorgenommen und damit entsteht bei der Ratte nachher ein Infarkt, das heißt also, ein totes Gewebe, und der Vorgang ist eigentlich der gleiche wie beim Menschen. Auch bei dem kommt es ja zu einer Verstopfung der Coronararterie.»

Horst Stern:
In den letzten zehn Jahren, sagen die Gegner der Tierversuche, seien 9000 tierexperimentelle Arbeiten über den Herzinfarkt veröffentlicht worden. Gebracht hätten sie praktisch nichts. Die Tiere starben vergeblich.

Durchblende von Rattengesicht auf Gesicht einer Frau nach Herzinfarkt

Dr. Liesl Brunner:
«Und selbst, wenn es so wäre, so wäre das kein Grund, mit den tierexperimentellen Arbeiten aufzuhören; denn man ist ja als Arzt ethisch verpflichtet, den Kranken zu helfen. Und im übrigen stimmt diese Behauptung gar nicht, denn im letzten Jahr wurde ein Medikament gefunden, das die Zahl der plötzlichen Herztoten nach Infarkt um die Hälfte gesenkt hat. Mein Jugendtraum war es ja nicht, gesunde Ratten krank zu machen; aber ich bin zu dem Schluß gekommen, daß man auf diesem indirekten Weg mehr Menschen helfen kann, als wenn man in einer Klinik arbeitet. Wer jemals die Qualen eines Herzinfarktpatienten gesehen hat, wird dies nicht bezweifeln.»

Ehepaar Brunner auf Parkbank

Durchblende auf Infarktpatient unter Herzmassagepumpe

Horst Stern:
Den Vorhalt, warum die Brunners nicht mit Zellkulturen und Computern statt mit lebenden Tieren arbeiten, beantwortet der stachlige Professor lapidar mit dem Satz: «Zellkulturen haben keinen Blutdruck und Computer geben nur wieder, was man ihnen zuvor an Versuchsergebnissen, die an lebenden Tieren gewonnen wurden, eingab.» So schläft er also gut, der Professor?

Prof. Brunner arbeitet in seinem Kakteenhaus

Prof. Brunner:
«Diese Versuche machen mir keine schlaflosen Nächte, denn ich weiß, daß unsere Tiere nicht leiden. Trotz-

dem hat der Tierversuch für mich seine Grenzen. So würde ich zum Beispiel niemals Hunden einen zweiten Kopf annähen, da ich nicht einsehen kann, was man aus diesen Experimenten für den leidenden Menschen für Rückschlüsse ziehen kann. Ich würde auch andere Versuche sehr ungern machen; so würde ich zum Beispiel nur sehr ungern Schweine in heißes Wasser tauchen, um sie zu verbrühen und ihr Überleben zu kontrollieren. Ich würde sehr ungern Gewebszertrümmerungen bei Ratten oder Hunden machen, um den traumatischen Schock zu studieren, oder Querschnittslähmungen bei solchen Tieren herstellen. Dennoch zögere ich, Wissenschaftler generell als Sadisten zu bezeichnen, die sich im Interesse von menschlichen Unfallopfern zu solchen Experimenten gezwungen sehen.»

Durchblende auf entblößten Mädchenleib: Patientin nach Unfall im Koma

Horst Stern:

Die Wahrheit gebietet es zu sagen, daß viele Versuche für die Tiere nicht anders verlaufen als bei klinischen Medikamentenprüfungen an menschlichen Freiwilligen auch. Das eigentlich Deprimierende daran ist, daß der Weg solcher Tiere ins Labor zum freudig begrüßten Höhepunkt eines Zwingerlebens wird, auf das nicht einmal das Wort vom armseligen Hundedasein anwendbar ist, obwohl es den Tieren weder an Futter noch an hygienischer Fürsorge mangelt.

Laborant holt freudig springenden Hund aus Zwinger

Hansi, der Bastard, steht seit zehn Jahren im Dienst der Hochdruckforschung. Er hat sich um die Menschheit verdient gemacht. Man muß ihn nicht aufs Streckbett zwingen. Er tuts für ein paar freundliche Worte seines Pflegers freiwillig, und mit Musik geht alles besser.

Der Versuchsleiter tritt hinzu, der Doktor der Medizin Urs Bucher.

Dr. Bucher:

«Wir bräuchten den Hund nicht anzuschnallen, er ist so trainiert, daß er sich einfach so hinlegt. Doch kann es vorkommen, daß die Hunde während des Versuchs einschlafen und sich dann unmotiviert strecken, und

dann können die Nadelelektroden aus der Haut rutschen. Hallo, Hansi! Bist ein lieber Hund, du!
Wir stechen alternierend an, auf der linken oder rechten Seite, je nachdem, wie der Versuch vorher war, das letzte Mal.

Meßfühler werden in Beinarterie des Hundes eingestochen

Die Hunde kommen etwa alle 14 Tage in Versuch. Wir haben nur 8 bis 10 Hunde für diesen Versuch, damit der Trainingseffekt nicht verlorengeht. Diese Art des Anstechens – das wird auch bei Menschen gemacht, und zwar auch im wachen Zustand, ohne Narkose ...
Das war jetzt die Beinarterie, die wir angestochen haben. Am Oszillieren dieser Blutsäule sehen Sie, daß der arterielle Blutdruck sich überträgt auf das Registriersystem.»

Horst Stern:
Brav schluckt Hansi seine Medizin, die er eigentlich nicht bräuchte, wäre er nur ein gesunder Hund, statt ein kranker Mensch. Ein Hund, mit einem Wort, der auf den Menschen kam.

Hund bekommt Prüfsubstanz

Dr. Bucher:
«Die Hunde sind alle gesund. Sie werden auch alt – und er ist jetzt also schon 10 Jahre im Versuch. Und sie benehmen sich auch sonst, wie sich Hunde so zu benehmen pflegen. Sie zeigen Freude gegenüber demjenigen, mit dem sie arbeiten, haben Freude an einer Wurst. Im übrigen sind wir uns darüber klar, daß es ein Hund draußen eventuell schöner haben kann, das kann ich mir vorstellen. Daß er es aber auch bedeutend schlechter haben kann, das weiß ich.»

Horst Stern:
«Würden Sie sagen, daß der Hansi ein zufriedener Ciba-Geigy-Mitarbeiter ist?»

Dr. Bucher:
«So formuliert, wie Sie's sagten, das ist ja eine gewisse Unterstellung. Ich kann feststellen, wie die Hunde sich freuen, wenn Herr Richter sie aus dem Auslauf holt, wie sie kooperativ sind, ich kann feststellen, daß sie

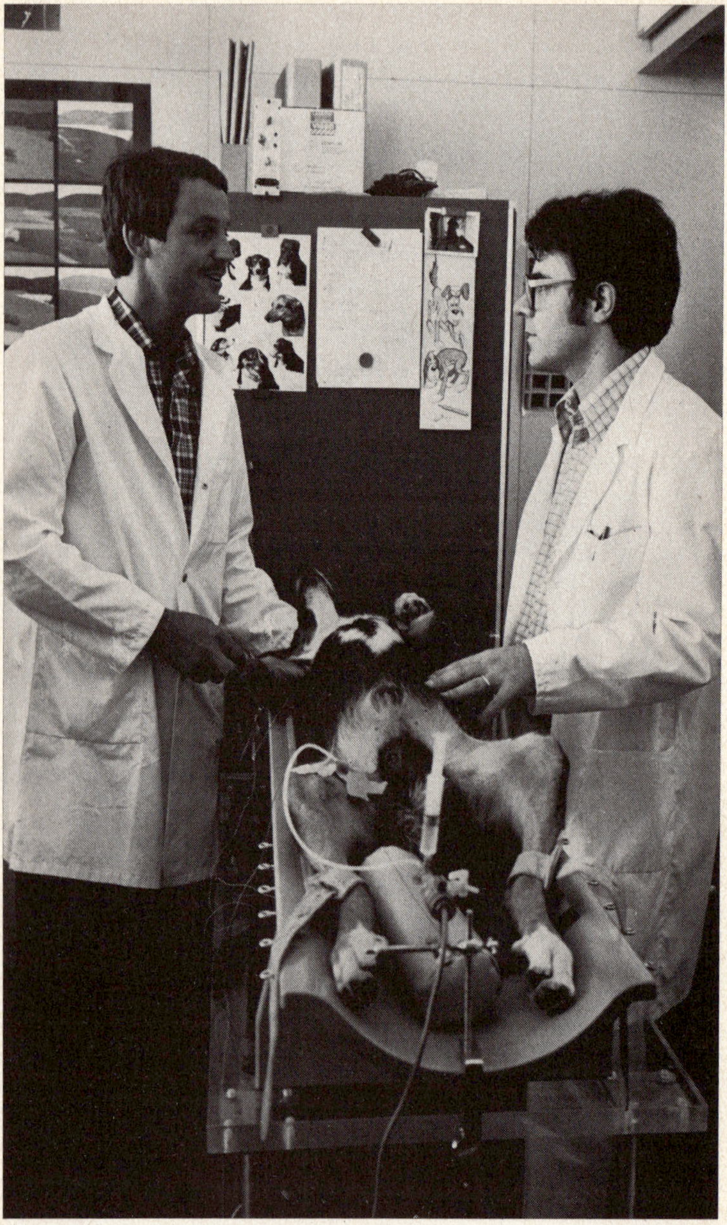

keine Schmerzen empfinden, und das war für mich das Entscheidende, daß ich die Verantwortung über diesen Versuch übernommen habe.»

Laborant und Richter reden leise auf Hund ein

Horst Stern:
Während auf Hansi die Wurst wartet, wartet auf einen Bastard-Kollegen nebenan der Tod. Der Brustkorb ist geöffnet, das freigelegte Herz mit Meßsonden gespickt, die an Aufzeichnungsmaschinen hängen. Es geht sehr nüchtern, sehr geschäftsmäßig zu. Und in Serie, denn *ein* Hund ist *kein* Hund, wenn es um die auch statistisch zu sichernde Wahrheit geht.

Großaufnahme offener Hundebrustkorb

Dr. Bucher:
«Sie sehen hier einen Bastardhund. Er ist in tiefer Narkose. Ich kann das demonstrieren, mit dieser Nadelklemme. Er bewegt sich nicht, und er wird aus dieser Narkose auch nicht wieder aufwachen. Wir haben den Hund öffnen müssen, um diverse Geräte am und im Herzen anzubringen, um die Wirkungen des Medikamentes am Herzen feststellen zu können.»

Dr. Bucher zwickt narkotisierten Hund in Pfote

Horst Stern:
Das Wort Bastard hat hier keine abwertende Bedeutung, im Gegenteil: Wenn es ernst wird im Tierversuch am Hund, kann man den klassischen Laborhund, den reingezüchteten sanften Beagle, der uns später begegnen wird, nicht brauchen. Es fehlt ihm die psychische Robustheit des im Konflikt mit der Umwelt herangewachsenen Hundes, der darum mehr ist als bloß emotionsloses Meßgerät. Reingezüchteten Laborhunden, so hört man, bleibt nicht selten das Herz stehen, wenn man es mit den Meßsonden auch nur berührt.

Der Bastard «Hansi», der bei Ciba-Geigy seit zehn Jahren im Bluthochdruckversuch eingesetzt wird. Nach Ausstrahlung der Filme meldeten sich eine Reihe von deutschen und schweizerischen Zuschauern, die den Hund kaufen wollten. Versuchstiere jedoch werden grundsätzlich nicht veräußert. Rechts der Leiter des Versuchs, Dr. med. Urs Bucher, links der Laborant Jean-Claude Richter.

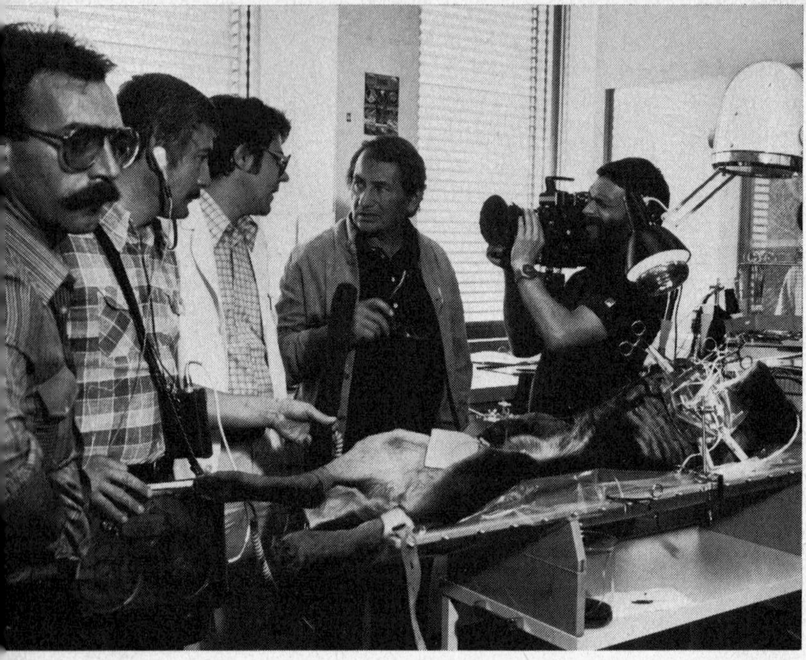

Das Kamera-Team des Süddeutschen Rundfunks mit Dr. Bucher und einem vollnarkotisierten Hund, dessen Brustkorb zur Messung von Herz- und Kreislauffunktion geöffnet wurde. Solche Hunde werden während der Narkose noch getötet. Von links: Til Schwamberger (Kameraassistent), Rainer Bosch (Toningenieur), Dr. Bucher, Horst Stern und Jens Möller (Kamera).

Bastardhunde im Laborraum, frei

Bastarde, wie diese hier, werden von der pharmazeutischen Industrie nicht immer, wie von Ciba-Geigy, ausschließlich über Vertragszüchter bezogen.

Es gibt Firmen, auch in Deutschland, die sich nicht darum kümmern, woher ihre Vertragshändler die bellende Ware beziehen. Über Mittelsmänner ersteigern sie herrenlose Hunde in Tierheimen und kaufen auch von professionellen Hundefängern, die man besser Hundediebe nennen sollte.

So ist schon mancher streunender Privathund in die Labors geraten.

Dr. Bucher:
«Ich selbst habe diese Erfahrung der verminderten Robustheit an zwei Rassehunden festgestellt. Sie hat sich darin geäußert, daß ein Erstkontakt mit der Nadel oder der Hand am Herzen bewirkt hat, daß der Hund an einem Herzstillstand gestorben ist. Es ist klar, daß zwei Experimente für eine solche Aussage nicht genügen würden, aber ich möchte nicht zehn Hunde töten, um gesichert festzustellen, was andere Forscher vor mir schon beobachtet haben.»
«Bei längerer Beobachtung, besonders von jüngeren Tierexperimentatoren, spürt man, daß ihnen hinter ihrem äußeren ansprechenden Verhalten etwas fehlt. Sie zeigen oft ein jungenhaftes Äußeres. Es fehlt jegliche Wesensschau, man vermißt den transzendentalen Bezug. Man findet bei ihnen immer wieder eine unkritische, gefügige Autoritäts- und Wissenschaftshörigkeit.»

Auf Bild von Hundekopf dieser Zitattext

(H. und M. Stiller,
Tierversuch und Tierexperimentator, 1976)

Horst Stern:
Des Doktor Buchers transzendentaler Bezug ist die Basler Fasnacht, in der die echten Narren sich weitab von jedem weltlichen Karneval vereinzeln und hinter ihren Masken in die Pest- und Todesstimmung des Mittelalters versinken.

Straßenszenen aus Basler Fasnacht. Einzelne Narren, kostümiert, durchziehen Altstadt

Dr. Bucher:
«Was heißt denn hier ‹Wissenschaftshörigkeit›? Wir Forscher – wir leben nicht in einer fremden Welt.
Wir lesen die wissenschaftlichen Publikationen und setzen uns auseinander mit dem. Wir können doch nicht jeder gerade machen, was ihm beliebt. Und der Vorwurf ‹Jugendhaftigkeit› – was bedeutet denn das schon? Ist es denn nur das Privileg der älteren Leute, was Substantielles, was Wertiges von sich zu geben? Ich glaube, wir Jungen können doch sehr wohl einerseits an der Basler Fasnacht uns betätigen und andererseits doch auch für uns in Anspruch nehmen, daß wir was Gutes, was Wertiges zur Forschung beitragen.

Bucher, kostümiert, rüstet sich mit Freunden im Morgengrauen zum Marsch. Ab mit Trommeln und Pfeifen

Aber ich möchte mich nicht zu eingehend mit diesem Zitat beschäftigen. Ich glaube, wir lassen ihm den Stellenwert, den es verdient. Ich möchte vielmehr ein paar Bemerkungen zur Operation am offenen Brustkorb, der Herzoperation sagen: Der Hund wird im Käfig zu mir gebracht, ich nehme ihn raus, spiele mit ihm. Es entwickelt sich ein Vertrauensverhältnis zwischen uns, eine Beziehung zwischen zwei gleichberechtigten lebenden Individuen. Und während dann mein Laborant dem Hund ein Narkotikum in die Pfote spritzt, gebe ich mich mit ihm ab, bis er schläft. Dieser Vorgang tut mir jedesmal sehr leid, denn ich mag Hunde sehr. Sobald der Hund jedoch tief schlafend daliegt, ich also keine persönliche Beziehung mehr mit ihm habe, verliert sich auch mein Mitleid und der Hund wird Gegenstand eines wissenschaftlichen Gedankens.»

Bucher wieder im Labor. Versuchshund soeben aus Zwinger gebracht

Horst Stern:

Der wissenschaftliche Gedanke endet mit einer Todesspritze am Nachmittag. Er wird, wenn er kompliziert ist, am nächsten Morgen mit einem neuen Hund fortgesetzt.

Tötung des Hundes durch Spritze. Abnehmen der Instrumente. Deponieren des Kadavers in Abfalleimer

Es ist wahr: Die Hunde leiden nicht, sie sterben nur. Sie werden, wie der technische Ausdruck lautet, abgeräumt.

Ich konnte beim Zuschauen Zorn in mir nicht finden, nur Trauer. Und Beschämung darüber, daß ich mir ganz und gar nicht sicher war, ob ich wohl eine Krankheit erleiden wollte, die ich mir um den Preis dieses Hundelebens mit einem Medikament vom Leib halten könnte.

Abfalleimer, gefüllt mit toten Ratten, wird von Arbeiter in Fahrstuhl zum Feuerofen geschoben

Kein Versuchstier, das ist Hausgesetz, verläßt nach Gebrauch lebend das Firmengelände, auch dann nicht, wenn der Versuch das Tier unbeschädigt ließ. Dabei würden sich Liebhaber unter den Angestellten mehr als genug finden lassen. Ich sah noch nie so viele Büros mit so vielen Großfotos niedlicher Hunde, Katzen und Affen, wie in dieser Hochburg des Tierversuchs.

Rotierender Feuerkessel

Die Kadaver wandern ausnahmslos in eine Verbrennungsanlage. Die Mächtigkeit des Feuerkessels läßt keine Rückschlüsse zu auf die Zahl der verbrauchten Tiere. Er vernichtet auch anderes Abfallmaterial des Chemie-Multis. Die exakten Zahlen nennt der Zoologe Dr. Herbert Bruhin.

Dr. Bruhin:
«Basel ist durch seine große Konzentration der pharmazeutischen Industrie vermutlich auch der Ort auf der Welt, wo die meisten Versuchstiere benötigt werden. Seit rund acht Jahren bin ich für die Bereitstellung der notwendigen Tiere verantwortlich. Mir untersteht auch die Ausbildung der Tierpfleger, und ich habe auch für eine tierschutzgerechte Unterbringung dieser Tiere besorgt zu sein. Im letzten Jahr haben wir rund 600000 Mäuse, 320000 Ratten, 15000 Meerschweinchen, 10000 Kaninchen, 3000 Katzen und rund 1100 Hunde benötigt. Die Preise aus Eigenzucht beziehungsweise Zukauf sind die folgenden: Für eine Ratte rund 10 bis 15 Franken. Eine Maus zwischen 2 und 10 Franken, je nach Stamm. 25 Franken bezahlten wir für ein Meerschweinchen, 50 Franken für ein Kaninchen, 250 bis 300 Franken für eine Katze und rund 600 Franken für einen Hund. Daraus folgt, daß schon allein der gespitzte Bleistift des Kaufmanns dafür besorgt ist, daß kein Versuchstier unnötig verwendet wird.»

(Man sollte auch einmal das Dilemma von Männern wie Dr. Bruhin sehen: Schweigen sie über ihre Arbeit, sind sie «Geheimniskrämer», offenbaren sie sie, dann sind sie, so einige Kritiker, «Buchhalter des Todes». Es ist nicht zuletzt eine solche Etikettierung, die erst verursacht, was sie kritisiert: das Schweigen der Pharma-Industrie.)

Horst Stern:
Die USA, Kanada und Großbritannien verbrauchen jährlich zusammen ca. 70 Millionen warmblütige Versuchstiere. Die Tendenz ist durch immer schärfere Sicherheitsbestimmungen überall auf der Welt steigend.
Für die Bundesrepublik sind keine Zahlen erhältlich. Schätzungen sprechen von jährlich 12 bis 15 Millionen Tieren. Das für Tierschutzfragen zuständige Bonner Landwirtschaftsministerium teilte dem Süddeutschen Rundfunk 1978 mit, es befasse sich seit 1974 mit der Herstellung eines computerfähigen Fragebogens zu dieser komplexen Materie. Das Referat Tierschutz in Josef Ertls Achthundert-Personen-Behörde besteht aus drei Beamten.

Feuertrommel als Untergrund für eingeblendete Versuchstierzahlen

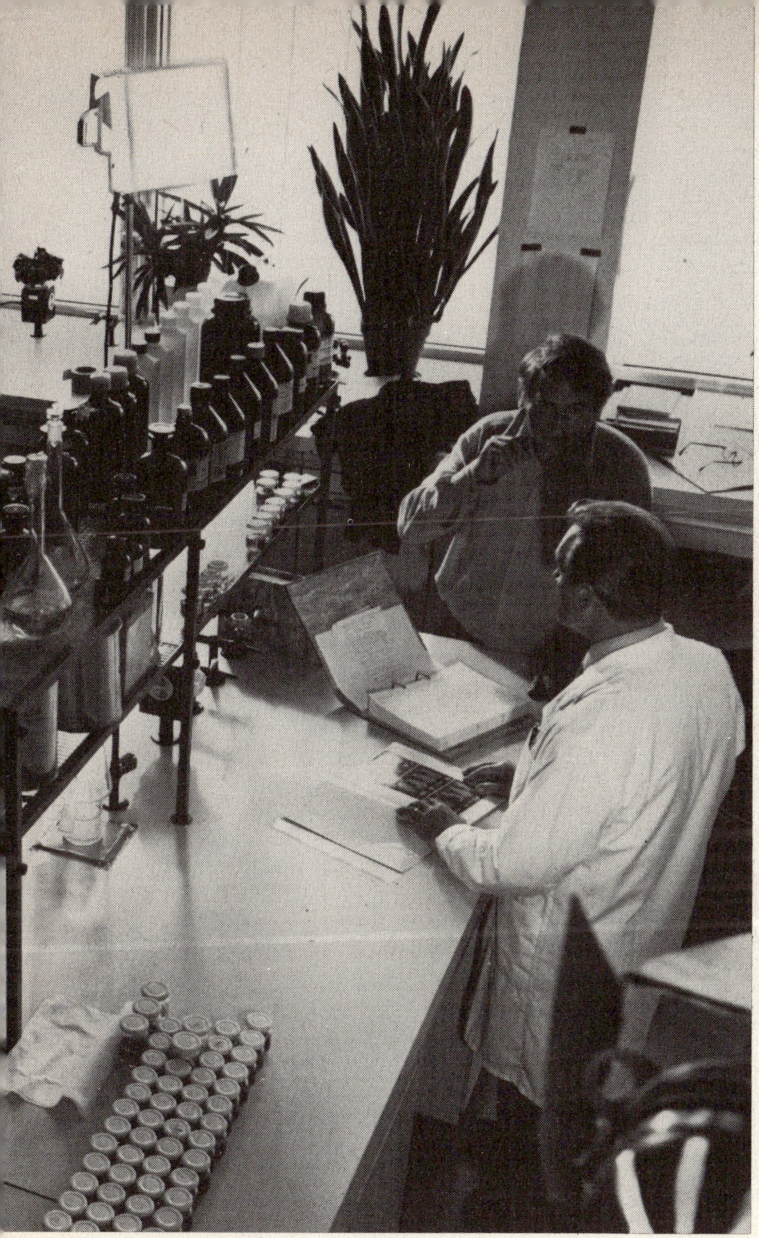

Ein pharmakologisches Labor während der Dreharbeiten mit Dr. Schmidt-Ruppin (vorn rechts), einem Spezialisten für Brustdrüsenkrebs.

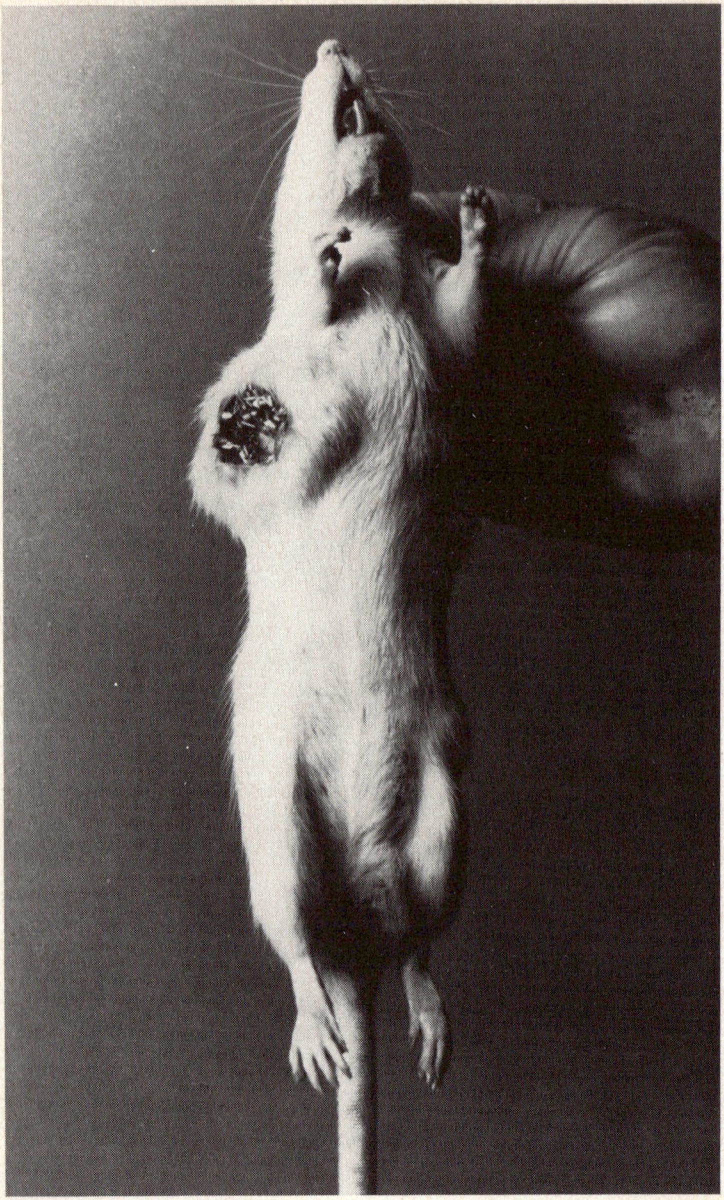

Laborratte, mit Brustkrebs infiziert.

Am umstrittensten ist der Tierversuch in der Heilmittelforschung bei Krebs. Krebs bei Tieren, sagen die Gegner, sei fast immer virusbedingt, beim Menschen dagegen ganz überwiegend eine Folge seiner vergifteten Umwelt, seiner denaturierten Nahrung und seiner maßlosen Genüsse – nichts sei vergleichbar. Die Befürworter des Tierversuchs verweisen auf Erfolge in der Entdeckung von Präparaten, die bösartige Brustgeschwülste zurückbilden – bei Ratten und Menschen. Sie verweisen auch darauf, daß sie das chemisch krebskrank gemachte Tier nur als Arbeitshypothese und nicht als absolute Gleichsetzung zum Menschen benutzen.

Labor mit Ratten, denen künstlich Krebsgeschwülste der Brustdrüsen beigebracht wurden. Versuchsleiter präsentiert sie groß hinter Glasscheibe

Dr. K. H. Schmidt-Ruppin:
«Wir fragen uns immer wieder, inwieweit wir von der krebskranken Ratte auf den krebskranken Menschen schließen dürfen. Grundsätzlich sind natürlich Verschiedenheiten da. Sie liegen in Differenzen des Stoffwechsels und in der Differenz zwischen Tier und Mensch an sich. Es gibt aber eine Reihe von gemeinsamen Kriterien bei diesen induzierten Brustdrüsengeschwülsten, die denen des Menschen sehr nahe kommen. Wenn auch gewisse Differenzen zwischen den Tumoren im Tier und denen bei der Frau bestehen, so sehen wir doch keine andere Möglichkeit, zu neuen und brauchbaren Heilmitteln bei Krebs zu kommen, als über Tiermodelle oder Tierversuche, die in ihren Situationen den Verhältnissen des Krebskranken möglichst nahe kommen, und dieses Karzinom- beziehungsweise Tumormodell bei der Ratte scheint diese Voraussetzung weitgehend zu erfüllen.»

(Über die oft pseudojournalistische Kunst, einen Menschen mit der Wahrheit zu diffamieren: Schmidt-Ruppin war bereit, sich beim Orgelspiel filmen zu lassen. Ich machte keinen Gebrauch davon. Eingebettet in Sequenzen von Tierexperimenten wäre die Wirkung für Schmidt-Ruppin verheerend gewesen: ein heuchlerischer Sadist. In Wahrheit ist er einer der sanftesten, arglosesten Menschen, die ich kenne.)

Horst Stern:
Schmidt-Ruppin stammt aus Leipzig. Er studierte und promovierte dort 1944 zum Doktor der Medizin. Er ist Kirchenmusiker, Klavier seit 1925, Orgel seit 1935. Er war Stellvertreter des Leipziger Thomas-Kantors. Albert Schweitzer zählte ihn zu seinem Freundeskreis. Seit 1961 in der Schweiz. Züchtet als Hobby Fjord-Pferde.

Schmidt-Ruppin auf der Weide zwischen seinen Fjord-Pferden

Auf dem Hintergrund der Pferde dieser Zitattext

«Nicht selten halten sich Tierexperimentatoren ein eigenes Haustier. Dieses dient zur Beschwichtigung der verdrängten Schuldgefühle und stellt gleichsam eine magische Beschwörung dar, um die Rachegötter der getöteten Opfer zu versöhnen.»

(H. u. M. Stiller, *Tierversuch und Tierexperimentator,* 1976)

Dr. K. H. Schmidt-Ruppin:

Fjord-Pferde auf Koppel

«Bei mir sieht das anders aus. Ich habe von Kindheit an immer Tiere gehabt und nach Möglichkeit auch gezüchtet. Aber selbst wenn es so wäre, daß Tierexperimentatoren aus einem gewissen Schuldgefühl heraus sich Tiere halten, so ist das nicht als Nachteil anzusehen. Denn gerade solche Menschen werden am ehesten bestrebt sein, die Versuche möglichst wenig aufwendig und mit einem Minimum an Tieren durchzuführen. Gerade Albert Schweitzer, zu dessen Freundeskreis ich gehörte, äußerte sich wiederholt und voll Dankbarkeit über die Heilmittel, die ihm zur Behandlung seiner Kranken zur Verfügung gestellt waren. Nur Tierversuche hatten die Behandlung der Schlafkrankheit, der Malaria, der Amöbenruhr wie auch der Lepra ermöglicht.»

Horst Stern:

Schwenk über Petri-Schalen mit Gewebekulturen, brustkrebskranken Ratten entnommen

Die Gegner der Tierversuche sagen, daß es für nahezu alle Experimente Alternativmethoden gäbe. Man könne längst Präparat-Prüfungen an nicht schmerzfähiger Materie in Form von Gewebe- und Organkulturen vornehmen. Unterstützt von Computern ließen sich damit fast alle Tieropfer abschaffen. Die erdrückende Mehrheit der Wissenschaftler in aller Welt bestreitet dies. Auch eine Gutachterkommission der Bundesregierung hielt 1976 die Tierversuche für unverzichtbar. Schmidt-Ruppin über den, wie man es genannt hat, «unmöglichen Traum» von einem leidlosen menschlichen Leben ohne Tieropfer:

Dr. K. H. Schmidt-Ruppin:

«Leider ist das nach wie vor ein Wunschbild. Und zwar

im wesentlichen aus zwei Gründen: Einmal gibt es Präparate beziehungsweise Heilmittel, die der Mitwirkung des Organismus bedürfen, um ihre Wirkung zu entfalten. Zum anderen ist der Prozentsatz von Mitteln, die in der Gewebekultur wirksam sind, aber nicht im Tierversuch oder nicht beim Menschen, relativ hoch.
Diese Diskrepanzen lassen uns zum Schluß kommen, daß für die Entwicklung von neuen Heilmitteln bei Krebs – in unserem speziellen Fall bei Brustkrebs – der Tierversuch nach wie vor unumgänglich ist.»

Horst Stern:
Weil das Schwein manche Körpereigenschaft mit dem Menschen gemein hat, in seiner Normalausgabe aber für Laboranten zu unhandlich ist, züchtete sich die Versuchstierkunde das Minischwein. Es dient dem Pharmakologen Dr. Peter Clopath als Versuchstier in der Arteriosklerose-Forschung.

Laborant verabreicht Mini-Schwein im Käfig Beruhigungsspritze

Dr. Peter Clopath:
«In diesem Laboratorium suchen wir nach den Ursachen und nach den Behandlungsmöglichkeiten der Arteriosklerose. Unter Arteriosklerose verstehen wir eine Erkrankung der Blutadern, eine Erkrankung, die sich durch eine zusätzliche Ablagerung von bindegewebshaltigem und blutfettehaltigem Material zeigt. Diese Ablagerungen bewirken eine Verminderung der Arterienlichte.
Auf den Oberflächen dieser Ablagerungen werden vorzugsweise Blutgerinnsel gebildet, die zum Beispiel Arterien verstopfen können. Solche Verstopfungen führen zu Hirnschäden, zum Herzinfarkt, zu Ausfallserscheinungen der Nieren und zum Raucherbein.
Es gibt bis heute keine Medikamente, die die Bildung dieser Ablagerungen verhindern. Deshalb suchen wir in unserem Laboratorium nach Medikamenten, die die Bildung dieser Ablagerungen verhindern, oder – wenn sie schon da sind – daß wir auch diese Ablagerung medikamentös wieder zurückbilden können.
Unsere Versuche werden an Schweinen durchgeführt,

(Dr. Clopath, wie auch alle anderen mitwirkenden Ciba-Geigy-Leute, wurden von der Geschäftsleitung darauf aufmerksam gemacht, daß sie auf eigenes Risiko an der Filmarbeit teilnähmen. Es gab für sie keine Anweisungen und keine Zensur. Ciba-Geigy sah die fertigen Filme auch nicht früher als jeder andere Fernsehzuschauer.)

Dr. Peter Clopath erläutert seine Aussagen mit einem Schaubild an Laborwand

weil am Schwein der arteriosklerotische Prozeß ganz ähnlich demjenigen wiedergegeben wird, wie wir ihn beim Menschen sehen. Weiter hat das Schwein folgende Eigenschaften: Es ist omnivor, das heißt ein Allesfresser, wie die Menschen es auch sind. Weiter ist das Kreislaufsystem und das Verdauungssystem ganz ähnlich ausgebaut, wie wir das beim Menschen ebenfalls sehen.

Clopath hält anatomische Zeichnung über inzwischen narkotisiertes Schwein und demonstriert das Einführen des Katheters an Hand der Zeichnung

Wir arbeiten hier mit der Arbeitshypothese, daß die Arteriosklerose als Reaktion des Gefäßes auf eine mechanische Schädigung entsteht. Wir verwenden dazu einen Ballonkatheter, den wir durch die linke Beinschlagader einführen: hier. Wir führen ihn rein, stoßen den Ballonkatheter bis zum Diaphragma, am Diaphragma blasen wir den Ballon auf und schädigen die innerste Arterienwand, die Trennschicht zwischen

Stößt Katheter in geöffnetes Schwein

Blut und Arterie, mit diesem Ballonkatheter durch eine Vor- und Rückwärtsbewegung, und ziehen den Ballon wieder durch die linke Iliaka Externa heraus. Wir versuchen nun, diesen Ballonkatheter hier in die Iliaka Externa einzuführen, wie ich das jetzt hier gezeigt habe.
Jetzt ist der Ballon vor der Klammer. Und jetzt die Klammer weg und der Katheter eingeführt. Sehr lang-

Schiebt Katheter in Ader hin und her

sam eingeführt, ungefähr 25 Zentimeter bis zum Diaphragma. Jetzt bin ich ungefähr an der Trennwand vom thorakalen und abdominalen Teil. Ich halte jetzt hier die Iliaka Externa und mache diese Vor- und Rückwärtsbewegung, um die innerste Oberfläche des Gefäßes mechanisch zu schädigen.»

Dr. Peter Clopath, der an Mini-Schweinen Arteriosklerose-Forschung betreibt. Diese Schweine werden eigens für die medizinische Forschung gezüchtet.

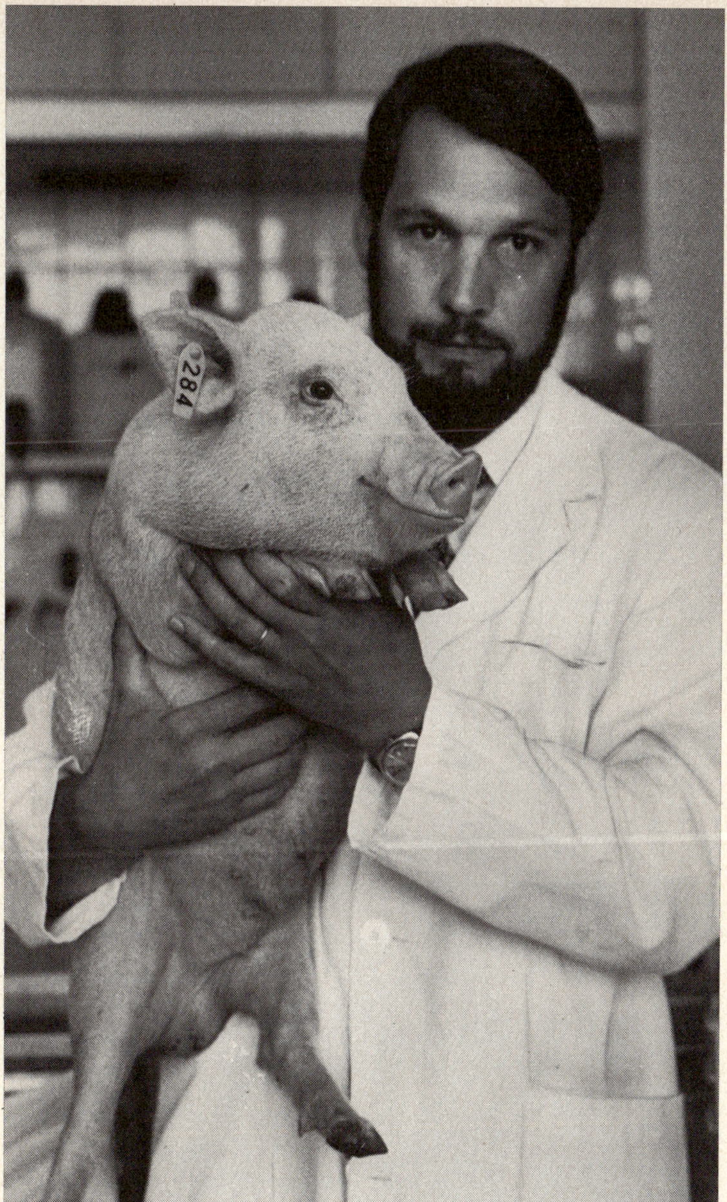
284

Horst Stern:

Clopath, groß, über Schwein geneigt

Sein totales wissenschaftliches Engagement läßt in Doktor Clopath den schwarzen Gedanken nicht aufkommen, daß der Allesfresser Mensch, nachdem er sich am Allesfresser Schwein krankgegessen hat, dieses Tier ein zweites Mal zerstört – in der Hoffnung, an ihm auch wieder zu gesunden. Haben die Tierschützer also recht, wenn sie sagen:

Auf Schweinekopf dieser Zitattext

«Das degradierte, entpersönlichte Versuchstier wird zur Wegwerfware, zum leblosen Instrument. Es gibt nur sehr wenige Pharmakologen, Physiologen und sonstige medizinische Forscher, die das moralische Format besitzen, Tierversuche abzulehnen und sich dem Gruppendenken zu widersetzen.»

(H. u. M. Stiller,
Tierversuch und Tierexperimentator, 1976)

Dr. Peter Clopath:

Dr. Clopath. Man sieht ihn bei Tisch mit seiner Frau in beider Privatwohnung. Sie essen Käsefondue

«Wegwerfware! Welch ein unsinniges Schlagwort! Wollen Sie, daß wir diese Versuche zurückstellen, Jahre abwarten, bis die Resultate aus Zellkulturen, an denen wir ja schon seit langer Zeit arbeiten, soweit sind, wie wir heute mit unserem vernünftigen Tierversuch? Absurd auch, wenn man bedenkt, wie wichtig das Problem der Erkrankung von Blutadern ist. Ist doch die Todesursache in den USA von über 50 Prozent aller Leute in irgendeiner Weise durch die Arteriosklerose bedingt.

Clopath im Labor, tötet durch Injektion adergeschädigtes in Glasrahmen fixiertes Kaninchen

Natürlich, man fragt mich, ob es nicht unverantwortlich ist, daß ich Jahr für Jahr 140 Schweine, einige Affen und 280 Kaninchen – wie dieses hier – opfere, nur um Menschen zu helfen, die sich nicht mäßigen können im Essen und im Rauchen. Dem könnte man nur dann zustimmen, wenn die Arteriosklerose nur bei unvernünftig lebenden Menschen zu finden wäre. Dies ist leider nicht der Fall, denn ich hatte die Gelegenheit, an einer Universitätsklinik in Boston diese Krankheit auch bei Kindern festzustellen.

Wir führen also hier die Sektion eines Kaninchens durch. Bei diesem Kaninchen haben wir eine mechanische Schädigung vor etwa vier Wochen schon durchgeführt; und ich möchte Ihnen jetzt zeigen, wie die innere Oberfläche der Arterienwand aussieht. Ich werde das aufschneiden, damit wir das Resultat sehen.

Clopath beaufsichtigt die Sektion des von ihm getöteten Kaninchens durch eine Laborantin

Das wäre also das Gefäß, das mechanisch geschädigt wurde. Die linke Schlagader des Beines: Sie sehen also hier schon eine ganz gewaltige Verdickung, mit einer Fettablagerung. Ich schneide diese hier auf, bis zum Aortabogen, bis ins Herz hinein. Wir sehen hier im brustseitigen Segment, daß wir eine komplett normale Aorta haben, im bauchseitigen Segment sehen wir: Genau am Ort des Diaphragmas fangen diese ganz dramatischen Veränderungen an, die wir als Reaktion des Gefäßes auf eine Schädigung sehen. Wir suchen nun intensiv Medikamente, die eine Verdickung – wie wir sie hier sehen – wieder zurückbilden, zu einem ganz normalen Gefäß.»

Er legt mit einem Längsschnitt das Innere der vor vier Wochen mechanisch mit einem Ballonkatheter geschädigten Kaninchenschlagader bloß

Horst Stern:
Vom Schwein, vom Affen, vom Kaninchen bleibt ein Stück deformierter Ader, archiviert in Alkohol. Die Abstraktion eines Raucherbeins, gewonnen aus einem vernunftlosen Tier vom Vernunftwesen Mensch. Grundlagenforschung ... Trägt der Dr. Clopath sein berufsspezifisches Problem, das Töten von Tieren in statistisch ausreichenden Mengen, mit sich nach Hause?

Großaufnahme der Hand eines Laboranten, der die Ader in Alkohol legt. Hand hält brennende Zigarette

Kameraschwenk über zahllose Gläser mit archivierten Innereien von Versuchstieren

Dr. Peter Clopath:
«Dieses Problem findet bei mir zu Hause nicht statt. Es ist vielleicht auch besser so! Denn es gibt Dinge und Probleme, mit denen man selbst fertig werden muß. Insbesondere denke ich dabei, daß wir vielleicht Präparate entwickeln, durch deren Aktivität die Menschheit älter wird, noch älter wird. Dies zu erreichen, ist nicht unbedingt erstrebenswert. Hingegen, wenn man bedenkt, daß Arteriosklerose zu Hirnschäden führt, daß dabei die Leute nicht mehr miteinander reden können – das zu verbessern, daß sie wieder einander

Er sitzt mit seiner Frau daheim beim Kaffee nach dem Essen

Durchblende auf Großaufnahme von Gesicht eines älteren Patienten, der einen Gehirnschlag erlitt. Weit geöffneter Mund

Briefe schreiben können, daß sie diskutieren können miteinander, das zu erreichen, das wäre wahrscheinlich etwas sehr Erstrebenswertes ...»

Horst Stern (Schlußmoderation):
Angesichts eines solchen, nach erlösenden Medikamenten schier schreienden Menschenmundes könnte sich einem von Tierfreunden beschimpften Tierexperimentator leicht die zynische Frage aufdrängen, ob man diesen leidverzerrten Mund durch Vorenthaltung tierexperimentell gefundener Medikamente unerlöst lassen sollte im Fall, er hätte in gesunden Tagen einen Protest gegen jedweden Tierversuch formuliert.
Anders, konkreter gefragt: Wie glaubwürdig ist unser Protest gegen zweifellos tierquälerische Verbrühungsversuche an lebenden Schweinen zum Zwecke der Brandsalbenentwicklung, wenn wir, die wir solchen Protest im Besitz der Gesundheit äußern, ihn im persönlichen Krankheitsfall fallen lassen – etwa als Opfer jener schrecklichen Flüssiggas-Explosion auf einem spanischen Campingplatz im Sommer 1978?
Ich weiß nicht, ob diese Beispiele fachlich gut gewählt sind. Ich bin weder Pharmakologe noch Mediziner.
Was ich zu bedenken geben möchte, ist allein dies: Franz von Assisi ginge nicht in unsere Apotheken.

Zweiter Teil

Die Seele

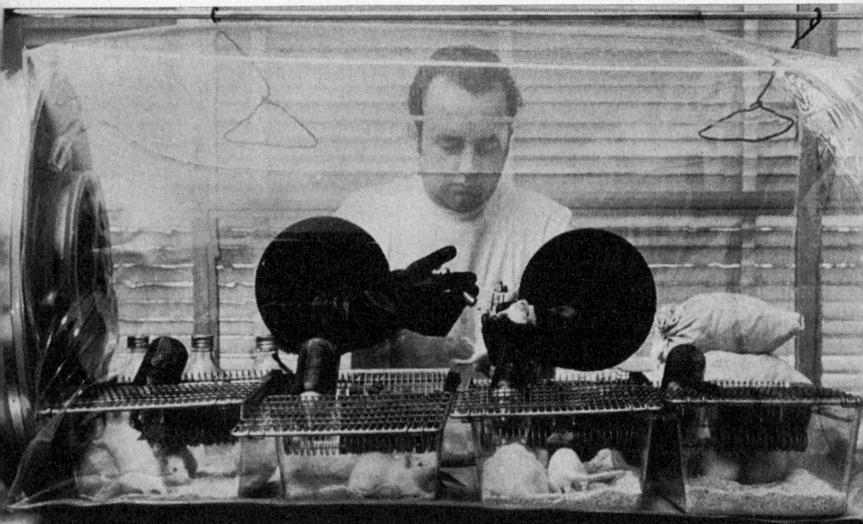

Horst Stern (Anfangsmoderation):
Die stark gefühlshaltige Wirkung solcher Bilder hat die öffentliche Debatte über Sinn oder Unsinn der Tierversuche längst in Polemik erstickt. Für die Gegner sind Tierexperimentatoren nur noch Sadisten im weißen Kittel. Die Wissenschaft hält ihre Gegner für emotionale Spinner. Am allerwenigsten ist damit den Versuchstieren geholfen.
Differenzierung tut not. Und eine ehrliche Antwort auf die Frage, ob wir denn bereit sind, Schmerz und Krankheit zu erleiden, damit die Tiere nicht stellvertretend für uns leiden müssen.

Bildmontage aus Sequenzen von Tieren im Versuch: Ratten, Katzen, Affen

Horst Stern:
Rund eine Million Ratten und Mäuse – das ist der Jahresbedarf eines einzigen Pharma-Konzerns – eines großen freilich. Er züchtet sie sich selber. Um die Tiere frei von jeglichen Krankheitskeimen in die Labors zu bekommen, erfolgt die Aufzucht unter total sterilen Bedingungen. Abgeschlossen von der Außenluft werden keimfrei gemachtes Futter und Trinkwasser in Plastiktrommeln gelagert und den Tieren mit Hilfe von Gummi-Armen verabreicht, in die die Pfleger von außen einschlüpfen.

In großen Plastiktrommeln sieht man steril aufgezogene Ratten und Mäuse wimmeln. Von den Trommeln baumeln schwarze Gummi-Arme mit Fingern

So keimfrei ist die Innenluft, daß verendete Tiere nicht verwesen, sondern mumifizieren.

Großaufnahme einer mumifizierten Maus

Obwohl weltweit der ganz überwiegende Teil der Versuchstiere aus Ratten und Mäusen besteht, spielen sie in den plakativen Protesten der Tierversuchsgegner so gut wie keine Rolle.

Links: Keimfreie Aufzucht von Laborratten.

Sie sind – uneingestandenermaßen – Ekeltiere, deren freilebende Varianten von nahezu jedermann mit Fallen und Giften verfolgt werden. Gleichwohl steht fest, daß sie nicht nur ein hochentwickeltes Sozialgefüge, sondern auch starke Schmerzempfindungen haben. Aber das Mitgefühl des Menschen gilt nahezu ausschließlich seinen Streicheltieren, unter ihnen besonders den Katzen.

Lange Kamerafahrt, vorbei an Hunderten von Jungkatzen in der Zuchtstation von CibaGeigy

Um unabhängig zu sein vom anrüchigen Katzenfang und den vielen Krankheiten zusammengekaufter Tiere, züchtet Ciba-Geigy auch die Versuchskatzen selber.

Dr. Hans Hurni:

Tierzüchter Hurni sitzt mit Haarhaube und Atemmaske inmitten der Katzen

«1959 haben wir mit der Planung dieser Katzenzuchtanlage begonnen. Es gab damals keine Vorbilder und wir mußten uns selbst ausdenken, wie man SPF-Katzen züchten könnte. SPF bedeutet: frei von spezifischen Infektionen. Um diese Infektionen nicht in die Katzenzucht einzuschleppen, betreiben wir einen großen Aufwand. Personal muß durch eine Duschenschleuse eintreten und dann sterilisierte Kleider anziehen. Alles Material, das hineinkommt, wird entweder desinfiziert oder sterilisiert.

Tierpfleger, wie Hurni in Haube und Maske, hält Wurfkisten mit neugeborenen Katzen vor die Kamera

Wir bekommen im Jahr pro Zuchtweibchen ungefähr zehn Katzen. Wir haben ungefähr acht Prozent Verluste. Andere Katzenzuchten müssen mit 20–50 Prozent Verlusten bei Geburt und Aufzucht rechnen. Die ursprüngliche Kapazität dieser Anlagen war auf 7200 Katzen berechnet. Seitdem wir unsere gesunden Katzen liefern, ist der Verbrauch weiter gesunken auf 2200 Tiere. Und ich glaube, man darf das auch erwähnen als einen Beitrag zum Tierschutz.»

Horst Stern:

Laborraum. Auf dem Tisch eine Katze in Rückenlage fixiert, Vollnarkose, künstlich beatmet

Sie nennen es ein Tiermodell. Die Reflexe der betäubten Katze werden dem Angriff neuer Substanzen ausgesetzt, in der Hoffnung, ein Präparat zu finden, das die unkontrollierten Reflexe des menschlichen Spastikers dämpft. Der Neurologe Werner Koella erläutert:

Die Aufzucht von Versuchskatzen ist des kostspieligen Aufwandes wegen nicht allgemein verbreitet. Insider-Aussagen zufolge kaufen einige deutsche Heilmittelhersteller, Universitäten und andere Institute ihre Katzen oft aus dubiosen Quellen zusammen. Zum Filmen der keimfrei aufgezogenen Ciba-Geigy-Katzen mußte selbst die Filmapparatur zuvor steril gemacht werden. Niemand darf die Räume ohne gründliche Körperdesinfizierung und sterile Kleidung betreten. Eingeschleppte Keime könnten den ganzen Bestand seuchenartig vernichten, weil die Tiere noch keine Antikörper in sich tragen.

Prof. W. P. Koella:
«Wir zeigen hier ein weiteres Modell, wo wir die Reflexe prüfen können. Nun, wir sind interessiert an Reflexen im Zusammenhang mit verschiedenen Krankheitsbildern beim Menschen – bei sogenannten Spastikern, wo Reflexe typischerweise verstärkt sind. Und dort vielleicht noch wichtiger bei spastischen Kindern, wo auch der Muskeltonus, die Muskelgrundspannung, die Reflexe erhöht sind.

Durchblende auf kindlichen Spastiker im Anfall

Bei dieser Katze haben wir zwei Reflexe vorbereitet, auf der einen Seite – hier am rechten Bein der Katze – haben wir den sogenannten Dehnungsreflex. Wenn wir hier die Kniescheibensehne beklopfen – ganz fein, was wir normalerweise mit einer Maschine machen –, dann kommt es zum Strecken des Beines. Das können wir registrieren. Wir können nach Substanzen suchen, die nun typischerweise diesen Reflex vermindern.

Rückblende auf Katze, Rechtes Hinterbein zuckt unter Klopfen von Koellas Zeigefinger

Auf der anderen Seite, am linken Bein, haben wir einen sogenannten Flucht- oder Flexorenreflex präpariert.

Linkes Hinterbein im Bereich des Kniegelenks geöffnet. Sehne freigelegt in Flüssigkeit

Das ist etwas komplizierter. Wir müssen den Nerv elektrisch reizen. Das Signal geht dann zum Rückenmark, dort wird es verarbeitet, kommt zurück zu diesem Muskel hier, den wir mit seiner Sehne losgelöst haben, so daß wir die Muskelsehne direkt mit diesem Apparat verbinden können, der nun seinerseits wieder den Reflex registrieren kann.»

Aufzeichnungsmaschine mit Reflexschreiber

Horst Stern:
Der Erfolg einer Prüfsubstanz ist ungewiß, der Weg zu ihm hin in jedem Fall lang, jahrelang. Hunderte, mitunter Tausende von Katzen enden auch in wissenschaftlichen Sackgassen, die – im Gegensatz zum Erfolgsfall – niemand publiziert; in die man die Pharmakonkurrenz mit noch einmal Hunderten oder Tausenden von Katzenkadavern hineinlaufen läßt.

Laborant verabreicht dem Tier eine Spritze mit einer Prüfsubstanz, die die Reflexbewegungen vermindern, ja beseitigen sollen

Nicht schadenfroh, natürlich nicht. Nur eben so, als unabänderliche Folge eines Marktsystems, das nicht einmal den Menschen schont, wie sollte es da – durch freiwillige Marktabgrenzungen etwa oder durch Tierversuchskartelle – Tierleben schonen?

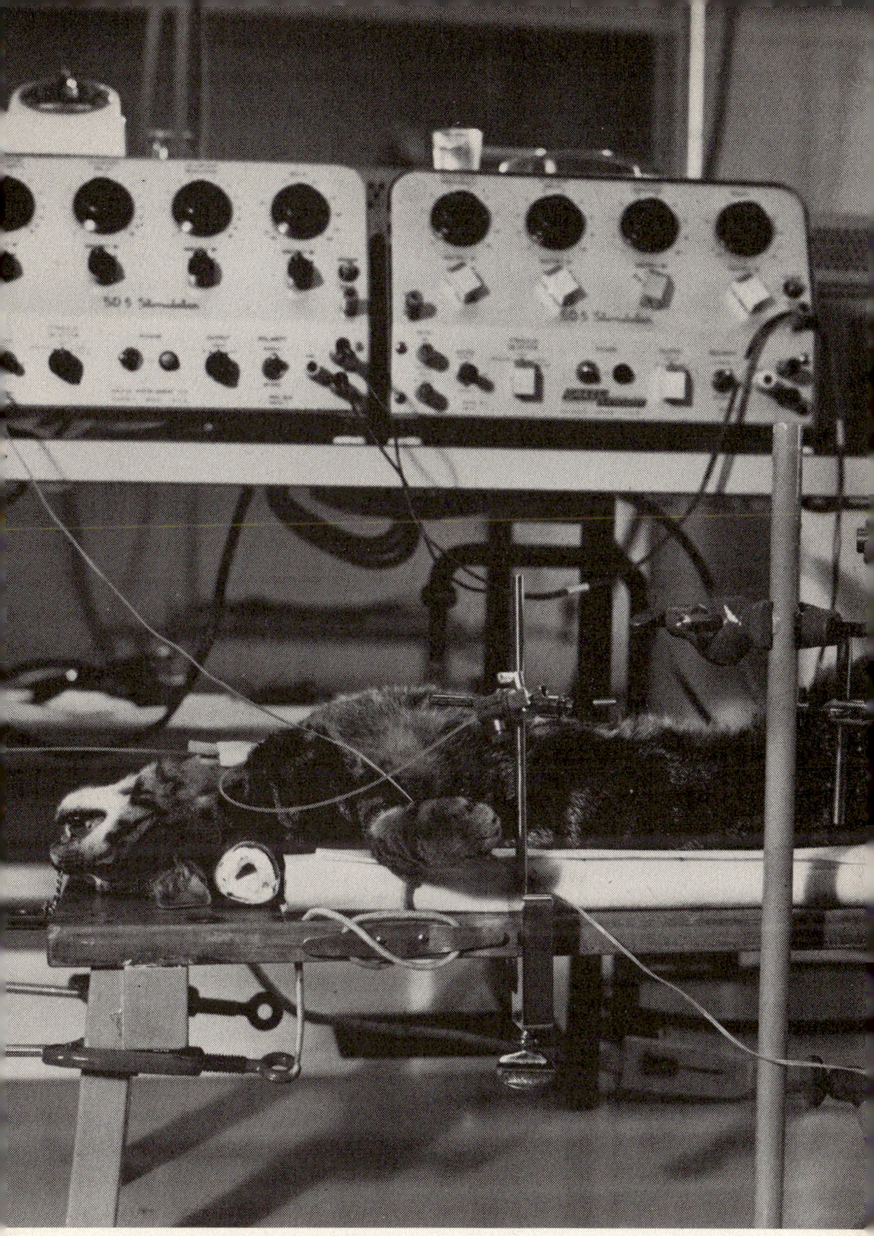

Eine Katze im sogenannten Reflex-Versuch. Sie dient der Erforschung von Heilmitteln zur Minderung übersteigerter spastischer Reflexe an Menschen. Die Katze ist voll narkotisiert und wird nach den Messungen noch in der Narkose getötet.

Großaufnahme des Reflexschreibers. Ausschläge der Schreibfeder deutlich vermindert

Am Pfeil beginnt die Hoffnung für Spastiker: Das Mittel wirkt, die Reflexe werden schwächer. Aber das liegt angesichts des Tierelends neben der Frage nach dem Gewissen des Experimentators:

Auf dem fixierten Katzenkopf dieser Zitattext

«Wie ist es möglich, daß ein Mensch, der mit hochentwickelten Lebewesen mehr oder weniger eng zusammenlebt, sie beobachtet und an ihren Lebensäußerungen interessiert ist, an denselben Tieren Eingriffe vornimmt, die oft schmerzhafter und sogar grausamer Natur sind, ohne daß sich ihm die Frage der Moral stellt? Was geht in einem solchen Menschen vor? Wie wird er damit fertig?»

(H. u. M. Stiller,
Tierversuch und Tierexperimentator, 1976)

Horst Stern:

Man sieht Professor Koella in seiner Privatwohnung, eine Schallplatte auflegend. Klassische Musik

Werner Koella, Professor für Medizin, Hochschullehrer, auf beiden Seiten des Atlantik mit vielen wissenschaftlichen Publikationen als Gehirn- und Schlafforscher ausgewiesen, Kenner klassischer Musik, sinniert:

Prof. W. P. Koella:
«Ja, wie kann man mit diesen Versuchen leben? Es gibt wohl Versuche, die schwierig sind in dieser Beziehung. Man hat früher – aber sicher auch noch heute – den sogenannten Curare-Versuch gemacht. Die Tiere werden durch Curare oder ähnliche Medikamente immobilisiert, ruhig gestellt, künstlich beatmet, und in diesem wachen Zustand wird dann das Experiment durchgeführt. Ich kann mir vorstellen, daß diese Tiere, die ja nun das ganze Experiment, die ganzen Manipulationen miterleben, in diesem Versuch eine heillose Angst haben. Wir können uns vorstellen, daß wir vielleicht mit feinsten Registriermethoden gewisse Aktivitäten des Gehirns aufzeichnen möchten. Und wenn das Tier sich bewegen würde, dann würde diese Registrierapparatur sofort in die Brüche gehen.
Umgekehrt kann das Tier nicht in Narkose sein, weil dann das Gehirn nicht normal reagieren würde. Aus

diesen Gründen sind auch wir gezwungen – noch vereinzelt, aber wirklich nur vereinzelt –, solche Versuche an curarisierten Tieren durchzuführen. Es ist ganz allgemein zu sagen, daß ein Versuch in Narkose nicht befriedigend ist. Die Reaktion des Tieres ist nicht mehr normal. Das Gehirn reagiert nicht mehr normal wie bei einem Wachtier. Wir haben darum angefangen, schon seit vielen Jahren, den sogenannten chronischen Versuch durchzuführen. Das bedeutet, daß wir zunächst dem Versuchstier in Narkose Elektroden ins Gehirn einsetzen, die zur Aufzeichnung und Registrierung der Hirnströme dienen. Ich glaube, mit solchen Versuchen – wenn man überhaupt den Tierversuch bejaht –, ich glaube, mit solchen Versuchen können wir leben, mit solchen Versuchen können wir arbeiten, ohne daß wir deswegen schlaflose Nächte haben müssen.»

Einer Katze wird ein Sockel auf dem Schädel angebracht. Der Sockel nimmt später, nach Ausheilung der Wunde, das Schwachstromkabel auf, mit dem Strom über Elektroden ins Hirn geleitet wird

Horst Stern:
Die durchgeschlafenen Nächte sind wohl auch eine Folge der Gewöhnung an das wissenschaftliche Tagesgeschäft. Koella brachte diese Operationstechnik aus Nordamerika mit, dem Mekka der humanmedizinischen Forschung an Tieren. Und er gab sie an seine Laboranten weiter. Sie ist heute Routinesache, die Narkotisierung der Katze betäubte längst auch das eigene Gewissen: Es erleidet keine stechenden Schmerzen mehr, zumal die Einpflanzung von Elektroden ins Gehirn neuerdings auch am Menschen gemacht wird, wie hier an einem kindlichen Spastiker in der Neurologischen Klinik der Medizinischen Hochschule Hannover.

Die Haut um den Sockel wird genäht. Ende der Operation

Operationssaal. Ein Kind wird für einen Eingriff am Gehirn vorbereitet

Es gibt in der Bundesrepublik einige zehntausend Spastiker: Menschen, die bei oft großer Intelligenz und klarem Verstand zu Außenseitern der Gesellschaft werden, weil eine vom Gehirn nicht mehr kontrollierte Muskelspannung ihnen den Anschein von schwer Geisteskranken gibt, die sie in Wahrheit nicht sind.
Sowohl die Kenntnis von den Ursachen der Spastizität als auch deren Dämpfung durch Einbringung von Elektroden im Bereich des Kleinhirns – so sagen es je-

Durchblende auf spastische Frau, die sich schwer verständlich mit Arzt unterhält. Unkontrollierte Zukkungen des Gesichts und der Gliedmaßen

denfalls die Hannoveraner Neurochirurgen – verdankt man Versuchen am Gehirn der Katzen.
Wer solche Tierversuche verboten sehen wolle, der verurteile seine spastischen Mitmenschen zu einem Idiotendasein.

Rückblende auf Operation. Bilder analog zum Text

Ein Bohrer hat zwei markstückgroße Löcher in den Kinderschädel über dem Kleinhirn gefräst. Die Hirnhaut wird durchtrennt und beiseite geschoben. Dann wird durch jedes der beiden Löcher eine Elektrode auf das Gehirn geschoben.

Prof. Dr. Winkelmüller:

Der Operateur erläutert seine Arbeit analog zum Bild

«So, jetzt führen wir die Elektrode – die zweite – ein. Links und rechts wölbt sich jetzt die Kleinhirnhemisphäre vor. In der Mitte ist ein Gebiet, das nennt man ‹Wurm›, und die Strukturen neben dem Wurm, links und rechts, die sind also zuständig für die Hemmung der Spastik. Bei der Katze hat man das gemacht. Wenn man da eine Starre der Muskulatur erzeugt, indem man im Hirnstamm einen Schnitt macht, dann kommt es zu einer extremen Streckbewegung aller Extremitäten, so wie wir es kennen beim Hirntrauma – bei Unfällen, bei Bewußtlosen ...
Und der Sharington und Löwenthal, die haben damals gezeigt – schon 1898: Wenn man bei der Katze diesen Zustand produziert, dann hat die elektrische Reizung dieser Region eine Hemmung dieses Streckmusters zur Folge. Die Katzen waren also wieder in der Lage, die Extremitäten zu bewegen, beziehungsweise dieser starre Tonus wurde dadurch erheblich vermindert.
Heute weiß man natürlich elektrophysiologisch genauer Bescheid, daß – wenn man also hier einen Strom ansetzt, daß die darunter gelegenen Zellen hemmend auf diese Strukturen wirken, die den Tonus fördern, das heißt die Muskelspannung fördern.»

Horst Stern:

Von diesem Empfänger, der im Fettgewebe der Oberbrust eingepflanzt wird, führen Kabel mit Steckerverbindungen unter der Halshaut zu den Elektroden auf

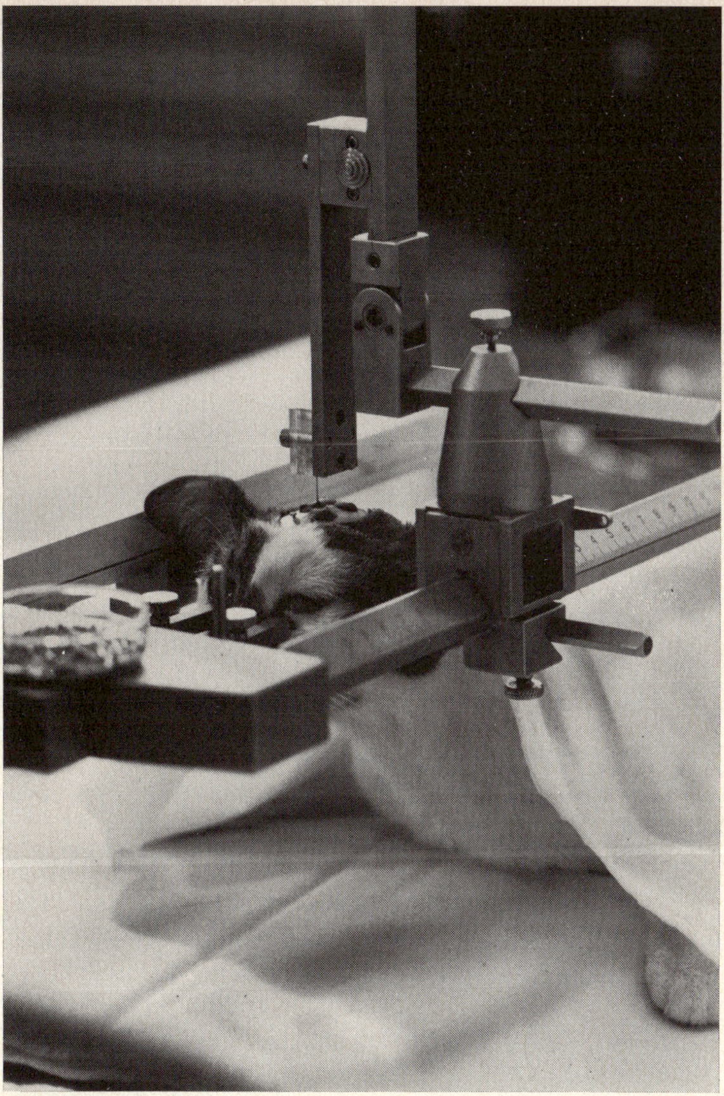

Eine Katze während des Einsetzens von Gehirnelektroden. Das geschieht mit Hilfe einer Stereoapparatur, deren Zahlenwerte zur haargenauen Lokalisierung des gewünschten Hirnteils einem anatomischen Gehirnatlas der Katze entnommen werden. Das Tier ist, obwohl die Augen geöffnet sind, voll narkotisiert.

dem Kleinhirn. Bei Herannahen eines Anfalls gibt der Spastiker mit Hilfe eines taschenradiogroßen Senders, den er stets mit sich führt, schwache Stromimpulse an den Empfänger, der sie über die Elektroden in die Hirnzellen weiterleitet. Der Anfall wird stark gedämpft. Der Spastiker lebt ein halbwegs normales Leben.

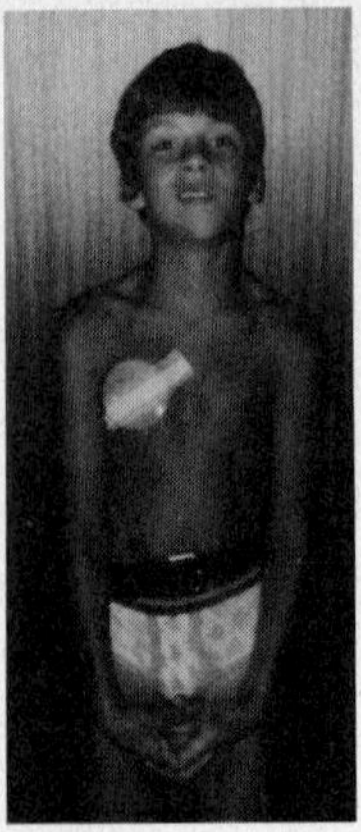

Der Spastiker-Junge nach der Operation:
die schlimmsten Krankheitssymptome sind beseitigt.

Eine Katze wird mittels Kabel und Sockel auf dem Schädeldach an Schwachstrom angeschlossen. Strom wird eingeschaltet. Die Katze buckelt, stellt die Rückenhaare und attackiert vehement die Glasscheibe, die sie von Prof. Koella trennt. Nach Abschalten des Stroms greift Koella zum Streicheln der Katze hinter die Glasscheibe

Das Versuchsprinzip ist alt. Schon vor dreißig Jahren setzte man Haushähnen Elektroden in die verschiedensten Hirnzentren und ließ sie mittels eines schwachen Stromimpulses Hennen treten, die gar nicht da waren, und vor Habichten flüchten, die nirgends flogen. Diese Katze wird auf dieselbe manipulatorische Weise aggressiv gemacht. Sie dient so der Erforschung einer medikamentösen Behandlung aggressiver Epileptiker und Geisteskranker.
Schaltet man den Strom ab, hat sie sofort vergessen, was sie eben noch tat. Von einer Sekunde auf die andere wird aus der Furie ein fügsames Streicheltier.

Prof. W. P. Koella:
«Wir zeigen hier ein Aggressionsmodell. Ein Modell, das uns Aggression, Angriffslust, Angriff näherbringt. Aggression spielt ja heute weltweit eine große Rolle. Wir wissen alle vom Terrorismus, vom Krieg. Aggression spielt aber auch eine große Rolle bei verschiedenen psychischen Krankheitsbildern, wo aggressive Verstimmung – diese Lust zum Angreifen – ein typisches Symptom ist. Wir sehen das bei Epilepsie, wir sehen das aber auch bei verschiedenen Geisteskrankheiten.

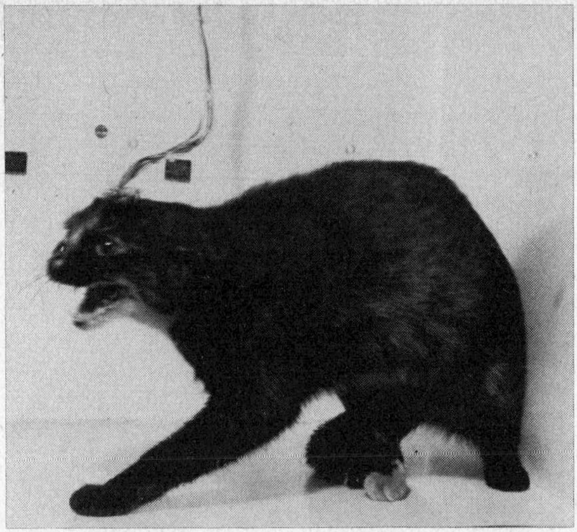

Durch Einleitung von Schwachstrom-Impulsen über Elektroden ins Gehirn wird eine Versuchskatze in hochgradige Wut versetzt. Zuvor gegebene Gegenmittel lassen Schlüsse auf die Wirksamkeit aggressionsdämpfender Prüfsubstanzen zu.

Nach Abschalten des Stroms erlischt die Erregung schlagartig. Das Tier läßt die Berührung mit einer menschlichen Hand sofort wieder zu.

So haben wir ein Anliegen:
Über diese Aggression mehr zu wissen, die Aggression besser zu verstehen und, vielleicht das Wichtigste, Substanzen zu entwickeln, die es uns erlauben, Aggression zu vermindern, Aggression zu behandeln. Mit diesem Modell, wo wir Aggression künstlich auslösen, haben wir es in der Hand, Substanzen zu entwickeln, die spezifisch auf Aggression, auf Angriff einwirken können.»

Laborant entfernt sich mit zwei Versuchskatzen über einen langen Korridor. Eine der Katzen läuft frei bei Fuß, die andere trägt er (An dieser Passage entzündeten sich die heftigsten Zuschauer-Emotionen. Gleichwohl: Das katzentypische Schmeichelverhalten, das sie gegenüber ihren Pflegern und denen zeigten, die mit ihnen experimentierten, wies sie als einsichtslos in ihre makabre Situation, als angstfrei aus. Sie putzten sich selbst im Experimentierkäfig noch ganz unbefangen, bevor man sie hirnelektrisch reizte.)

Horst Stern:
Angesichts einer solchen emotionalen Gewalt, die arglosen Tieren angetan wird, fällt es schwer, objektiv zu bleiben und wahrheitsgemäß zu sagen, daß diese Steckerkatzen frei von Furcht sind gegenüber ihrem menschlichen Manipulator. Weder fliehen sie ihn, noch scheuen sie seine Hand, die sie greift. In den langen Pausen zwischen den Versuchen leben sie gesellig unter ihresgleichen. Den Stecker im Schädeldach scheinen sie vergessen zu haben, wenn er ihnen je bewußt war. Nie beobachtete ich ein Tier beim Versuch, sich von ihm zu befreien. Dennoch ist dieses Katzenhaus ein zutiefst deprimierender Ort – Durchgangsstation auf dem Weg aus einem kurzen und stets manipulierten Leben in einen von Nützlichkeitserwägungen bestimmten gewaltsamen, wenn auch schmerzlosen Tod.

Ein Laborant fügt drei Rattenpaaren Stromstöße zu (s. Foto S. 61)

Martin Schaub, Laborant:
«Bei diesem Versuch erzeuge ich Aggression durch Angst. Diese Angst wird erreicht durch schwache Stromstöße, die in die Füße der Ratten geleitet werden. Der Reiz dieser Stromstöße ist gering. Man sieht das daran, daß es nicht zu einem Kampf kommt. Ebenso beißen sich die Tiere nicht. Ich bewerte hier die Anzahl der Kampfpositionen. Dabei müssen die Tiere aufrecht stehen und sich mit den Vorderpfoten berühren. Wir stellen dann einen Vergleich her zwischen unbehandelten Tieren und solchen Tieren, die mittels einer Substanz in dieser Reaktion gehemmt sind.»

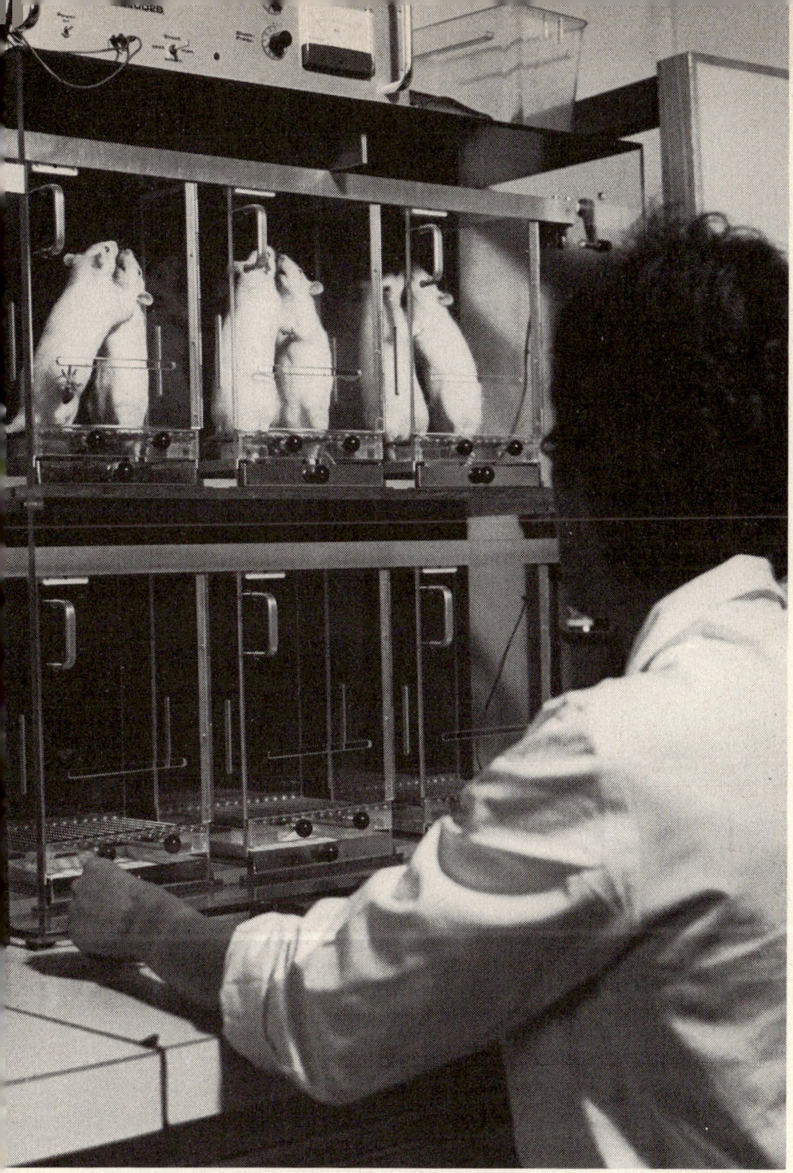

Ratten, die durch schwache Stromstöße aus einem Fußrost in Aggression versetzt werden. Ob die Erkenntnisse der modernen Verhaltensforschung bei diesen und ähnlichen Aggressionsversuchen immer ausreichend berücksichtigt werden, erscheint manchmal fraglich. Die Versuche sind mehr durch pharmakologische Tradition als durch ethologische Strukturstudien gekennzeichnet.

Horst Stern:

Dr. Stula beobachtet Ratten im Versuch

Verantwortlich: die Doktorin der Medizin Dr. Stula, Serbin, 1961 in Belgrad promoviert, seit 1966 als Psychopharmakologin in Basel, Mutter von zwei Söhnen.

Dr. Stula:

«Wir kennen verschiedene Formen der Aggressivität am Tier sowie am Menschen. Um diese erforschen zu können und die physiologischen Mechanismen, die dabei eine Rolle spielen, besser zu verstehen, sind wir gezwungen – auch unter Laborbedingungen –, die Aggressivität zu erzeugen durch verschiedene Manipulationen.»

Horst Stern:

Operation an narkotisierter Ratte

Eine dieser Manipulationen besteht darin, der Ratte ein Loch ins Schädeldach zu bohren und aus ihm heraus das Riechzentrum im Rattengehirn abzusaugen.
Das Tier entwickelt daraufhin eine Verhaltensänderung.
Die Ratte wird zur Killerratte.

Dr. Stula:

Sie greift eine unbehandelte Ratte am Schwanz und gibt sie zu einer Maus in den Glaskäfig

«Hier haben wir eine normale Ratte, die keine Aggressivität gegenüber einer Maus zeigt. Die verhält sich vollkommen normal, nervt sie nicht. Und die können zusammen eine ganze Weile verbleiben, ohne daß irgendwelche Aggressivität entsteht.
Im Gegensatz: Eine Ratte, die durch eine Hirnmanipulation aggressiv geworden ist, wird auf die Präsenz einer Maus mit einer Tötungsreaktion reagieren, sobald diese Maus in ihr Blickfeld kommt. Die sogenannte Killerratte gilt als Modell für die Erprobung von Heilmitteln gegen Schwermut. Durch Ausschaltung eines bestimmten emotionellen Zentrums im Rattengehirn wird die Gefühlswelt verändert. Dies führt sehr wahrscheinlich zu Fehlinterpretationen ihrer Umweltsituationen. Und wir nehmen an, daß dies der Grund ist für das krankhafte Tötungsverhalten. Mit solchen Tiermodellen werden seelische Erkrankungen er-

Operativ aggressiv gemachte Ratte beißt die Maus tot

forscht. Und es wird versucht, genauer wirkende Heilmittel zu finden, weil nicht alle psychisch kranken Menschen nur mit Beruhigungsmitteln behandelt werden sollten.»

Horst Stern:
Die Unsicherheit in diesem Forschungsbereich ist groß, der praktische Nutzen noch gering. Kann man also sagen:

«Oft wird ohne Konzept drauflosgeforscht, in spielerischer Neugier, ohne an das Leid der Tiere zu denken. Bei Tierexperimentatoren besteht überhaupt dem Leiden des Tieres gegenüber ein eigentümliches ethisches Vakuum.»

Auf dem Bildhintergrund der Killerratte dieses Textzitat

(H. u. M. Stiller,
Tierversuch und Tierexperimentator, 1976)

Dr. Stula:
«Das ethische Vakuum oder der Mangel an Ethik, den man dem Forscher oft vorwirft, kann ich am besten damit beantworten, daß ich aufzähle, welche Art von Versuchen ich nicht tun würde und welche ich als unethisch betrachte. Wenn man von Tierversuchen spricht, wirft man meistens alles in einen Topf. Versuche durchzuführen, die dazu dienen, die Tiere zum Beispiel Neutronenstrahlen oder Bomben auszusetzen, nur um festzustellen, unter welchen Leiden ein Tier stirbt oder wie lange es dauert, bis es stirbt, würde ich nicht tun.
Auch solche Tierversuche, bei welchen Tiere qualvollen tödlichen Verfahren ausgesetzt werden, wie zum Beispiel Zertrümmern von Körperteilen oder Kopfschlägen, nur um zu sehen, unter welchen Arten von Leiden die Tiere sterben, würde ich nicht tun. Und ich betrachte sie als unethisch.
Eines ist jedoch sicher, ohne Neugier gibt es keine Forschung. Die treibende Neugier findet für mich die Grenze dort, wo die gewonnene Erkenntnis in keinem Verhältnis zu dem unvermeidlichen Leid der Tiere steht.»

Dr. Stula ist beim Langlauf, später bei der Schneeballschlacht mit ihren beiden Söhnen zu sehen

(Nach dieser Passage erreichten noch während der Sendung den SDR Telefonanrufe, deren Inhalt in bezug auf Frau Dr. Stula und ihre Kinder von einem so menschenfeindlichen Sadismus geprägt war, daß er hier nicht wiedergegeben werden kann – Folge einer unterschiedslosen Diffamierung tierexperimenteller Forschung, wie sie in der extremen Tierschutz-Literatur üblich ist.)

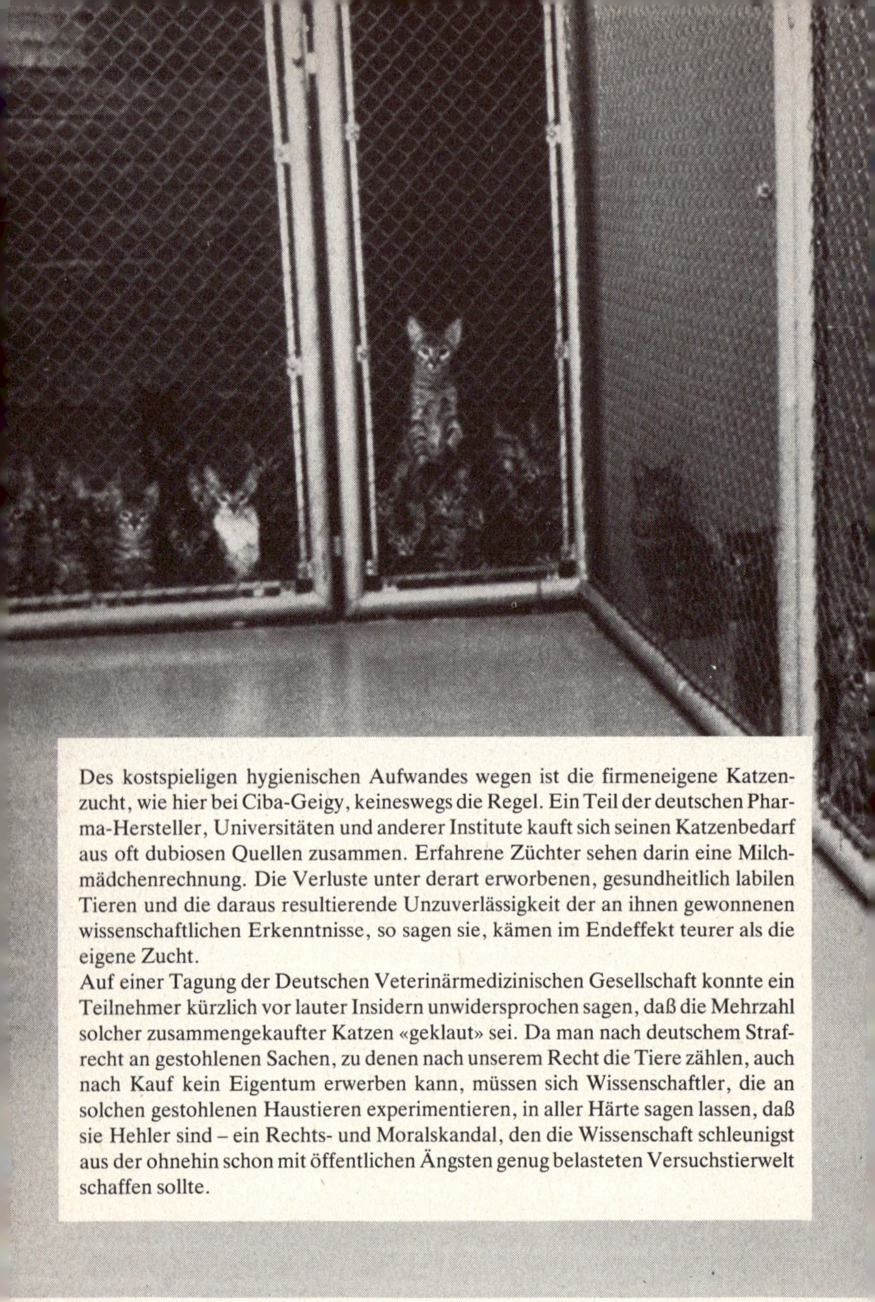

Des kostspieligen hygienischen Aufwandes wegen ist die firmeneigene Katzenzucht, wie hier bei Ciba-Geigy, keineswegs die Regel. Ein Teil der deutschen Pharma-Hersteller, Universitäten und anderer Institute kauft sich seinen Katzenbedarf aus oft dubiosen Quellen zusammen. Erfahrene Züchter sehen darin eine Milchmädchenrechnung. Die Verluste unter derart erworbenen, gesundheitlich labilen Tieren und die daraus resultierende Unzuverlässigkeit der an ihnen gewonnenen wissenschaftlichen Erkenntnisse, so sagen sie, kämen im Endeffekt teurer als die eigene Zucht.

Auf einer Tagung der Deutschen Veterinärmedizinischen Gesellschaft konnte ein Teilnehmer kürzlich vor lauter Insidern unwidersprochen sagen, daß die Mehrzahl solcher zusammengekaufter Katzen «geklaut» sei. Da man nach deutschem Strafrecht an gestohlenen Sachen, zu denen nach unserem Recht die Tiere zählen, auch nach Kauf kein Eigentum erwerben kann, müssen sich Wissenschaftler, die an solchen gestohlenen Haustieren experimentieren, in aller Härte sagen lassen, daß sie Hehler sind – ein Rechts- und Moralskandal, den die Wissenschaft schleunigst aus der ohnehin schon mit öffentlichen Ängsten genug belasteten Versuchstierwelt schaffen sollte.

Horst Stern:
Am radikalsten scheiden sich die Geister an der Verwendung von Tieren in der psychiatrischen Heilmittelforschung. Wenn überhaupt etwas den Menschen vom Tier trenne, sagen die Gegner, dann doch der geistig-seelische Bereich. Am Affen gefundene Forschungsergebnisse seien deshalb auf den Menschen nicht übertragbar.
Primatenforscher in der Pharmakologie, wie der Tierarzt und Ethologe Joachim Jaekel, lassen das nicht gelten.

Eine Gruppe von Rhesusaffen läuft frei über einen Korridor in den Versuchsraum

Dr. Joachim Jaekel:
«14. 11. 77 – Versuch mit Gruppe Milo . . .»

Er beobachtet die Affen hinter einer Trennscheibe

Horst Stern:
Für sie ist das Gehirn nicht Seele, sondern Körperteil, und zwar ein chemisch organisierter, den man im Krankheitsfall so wenig gesundreden könne wie einen Darmverschluß. Menschen- und Affengehirn, sagen sie, produzieren nur anderswertig, nicht aber grundsätzlich anders.

Dr. Joachim Jaekel:
«Wenn man davon ausgeht, daß alle Lebewesen abgestuft einander ähnlich sind, so trifft das sicherlich nicht nur für ihre körperlichen Merkmale zu. Auch Tiere haben Stimmungen, auch Tiere haben Angst. Auch Tiere durchleben ihre Konflikte. Und wenn Medikamente, die später in der Psychiatrie Anwendung finden sollen, am Tier geprüft werden müssen, dann erscheint es logisch, das Tier zu verwenden, das dem Menschen stammesgeschichtlich am nächsten steht, den Affen.»

Dr. Jaekel bei der Beobachtung der Affen

Dr. med. vet. Joachim Jaekel, der mit Psychopharmaka an Affenmodellen arbeitet.

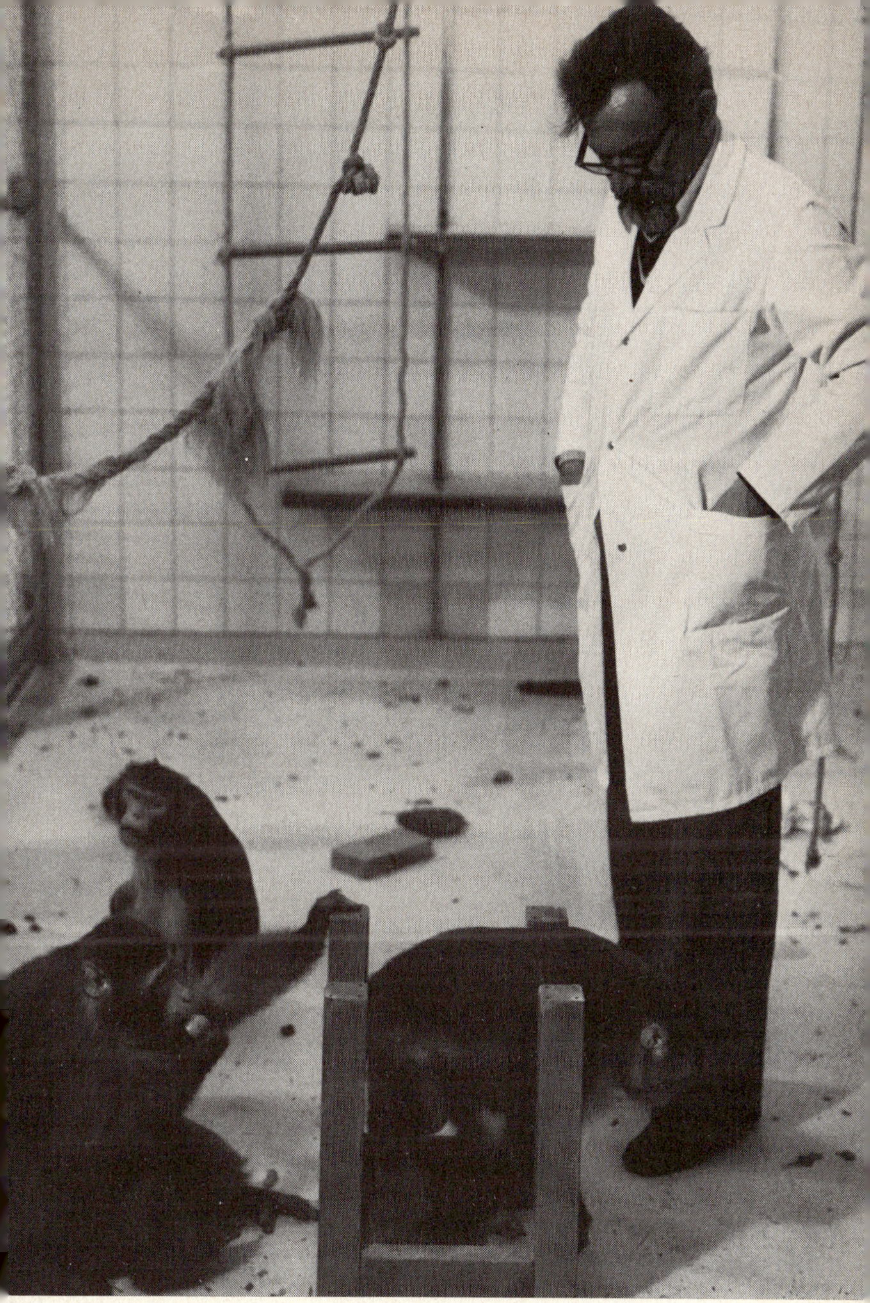

Horst Stern:
Jaekel studiert die pharmakologische Beeinflußbarkeit von Phänomenen wie Angst und Aggression als Folge von sozialen Spannungen in Affengruppen, wie das Verhalten dieser unbehandelten Tiere es am Futternapf offenbart. Es frißt nur das ranghöchste Tier. Der zweithöchste Rhesus-Affe links davon, der zum Gruppenchef einen zwar geringen, aber doch respektvollen Abstand einhält, produziert alsbald den Radfahrer-Effekt: Selbst ein von oben Getretener, tritt er seinerseits die ihm im Rang Nachfolgenden. Er jagt sie aus dem Bereich der Privilegierten sozusagen auf die Bäume zurück. So stellen sich spontan Zustände der Aggression bei dem einen Tier und Zustände der Angst bei den anderen her und bieten sich als Experimentierfeld für die Wirkung von Psychopharmaka an.
Nachdem die Tiere eine Prüfsubstanz verabreicht bekamen, verändert sich ihr soziales Verhalten am Futternapf deutlich. Fast alle Affen befinden sich nun auf dem Boden, im Nahbereich der beiden durch Ranghöhe Privilegierten. Der soziale Abstand hat sich durch eine Dämpfung der aggressiven Tiere und eine Angstlösung bei den Unterdrückten verringert, ohne daß die Rangordnung indessen abgeschafft wäre. Wir wollen ja nicht, sagt Dr. Jaekel, den aggressiven Psychotiker mit der chemischen Keule ins Bett werfen, sondern ihn konfliktarm am gesellschaftlichen Leben teilnehmen lassen. Andererseits sei es auch nicht der Sinn einer Behandlung von Angstzuständen, dem Ängstlichen Mut zu machen, auf den Schreibtisch seines Chefs zu springen und dessen Gehalt zu fordern.
Die große Nähe der Tiere zueinander, die Ruhe im Gemeinwesen als Folge einer chemischen Behandlung seien nicht, wie Jaekel immer wieder versichert, das profitorientierte Modell einer mit Pillen politisch befriedeten menschlichen Gesellschaft von morgen. Man studiere vielmehr die Heilwirkung von psychiatrischen Medikamenten an Einzelwesen, wie etwa an dieser kleinen Gruppe erwachsener Rhesusaffen.
Nur die beiden ranghöchsten Tiere, von denen die

(Indien steht nicht allein mit einem totalen Ausfuhrstop für Menschenaffen. Brasiliens Verbot dauert schon seit 1970, die anderen Amazonasstaaten Peru und Kolumbien schlossen sich an. Nur Bolivien exportiert noch. Mehr noch als die Forschung verbrauchte der Heimtierhandel, und am meisten schlugen die Verluste während des Fangs und des Transports zu Buch. 35 Prozent tote Tiere gelten als normal.

Nummer Eins ihre soziale Überlegenheit über Nummer Zwei dadurch ausdrückt, daß der Höhere beim Niederen aufreitet, unterhalten Beziehungen zueinander.
Sie äußern sich im gegenseitigen Putzen, einer Reinigung des Fells von Hautschuppen. Nummer Drei wird auf Abstand gehalten, sie nimmt am Putzverkehr nicht teil. Für den Fortgang des Versuchs ist es nützlich, diese unterprivilegierte Nummer Drei zu identifizieren, was mit Hilfe der blauen Haut an Brust und Bauch leicht möglich ist.
Nachdem die Tiere vor der Kamera ihr chemisch nicht beeinflußtes normales Verhalten zeigten, werden sie unter die Wirkung einer hausgemachten Prüfdroge gesetzt. Gewaltanwendung verbietet sich nicht nur aus Tierschutzgesichtspunkten, sondern auch aus der Einsicht heraus, daß erregte Tiere keine brauchbare Ausgangsbasis für die Prüfung von Medikamenten sein können, die auf das Zentralnervensystem der Affen einwirken. Also sind die Tiere nahezu auf Selbstbedienung dressiert. Dabei ist die Menschlichkeit des Pflegers die erste und wichtigste Voraussetzung für die emotionale Stabilität der Tiere.
Was dann, unter Drogeneinfluß geschieht, macht einen Pharmakologen auch ohne die Einnahme von Psychopharmaka «high»: Das ranghöchste Tier trifft sich, wenn auch sichtlich verstört über diesen gesellschaftlichen Fehltritt, mit der blaubrüstigen Nummer Drei zum sozialen Putzen. Die Situation ist aber keineswegs, wie unter normalen Umständen, entspannt. Besonders der Nummer Drei steht die Angst im erregten Gesicht, das Ganze könnte mit einer Tracht Prügel seitens der aus der Gnade des Herrn verdrängten Nummer Zwei enden. Aber Nummer Zwei bleibt friedlich – eine Undenkbarkeit ohne Drogen.
Mit fortschreitender Wirkung der Prüfsubstanz schwindet die Angst des kampflos sozial aufgestiegenen Tieres. Die Passivität wandelt sich schließlich sogar zur Aktivität.
Aber im blutleer und apathisch werdenden Gesicht des Paschas kündigt sich auch in diesem Versuch schon et-

Fachleute glauben indessen, daß die größte Gefahr für das Überleben der Tiere nicht von ihrer Nutzung für die Forschung ausgeht, sondern von der Zerstörung ihrer Lebensräume. In Südamerika verschwinden durch Rodung jährlich zwischen 50000 und 100000 Quadratkilometer tropischer Urwald. Richard Thorington, Kurator für Säugetiere am Smithsonian Institut: «Die Wälder mogen heute noch voll von Affen sein, morgen werden sie es nicht mehr sein, weil es morgen keine Wälder mehr geben wird.» Nach Thorington sieht der einst stark bewaldete Eulenaffen-Distrikt in Nordkolumbien auf einem Satellitenfoto «wie Texas» aus.)

(»Psychosomatische Tierversuche werden am ungeeigneten Objekt mit ungeeigneten Mitteln von unqualifizierten Forschern durchgeführt. Das gilt für jedes somatische Tierexperiment ebenfalls, da das Psychische nicht auszuklammern und immer von Belang ist, jedoch von den entsprechenden Forschern mangels Vorbildung und Selbsterfahrung nicht erfaßt werden kann. Leider sind sich die betreffenden Tierexperimentatoren ja weder über die komplizierten seelischen Vorgänge bei dem Versuchstier noch über ihre eigenen affektiven Reaktionen und seelischen Fehleinstellungen im klaren.» H. und M. Stiller)

was an, das Gegenstand eines dritten Jaekelschen Experiments mit Rhesusaffen ist: die unerwünschten Nebenwirkungen von Psychopharmaka. Ihrem Studium und den Versuchen, sie durch eine Verbesserung der Heilmittel zu beseitigen, gilt heute die weitaus größte Aufmerksamkeit der pharmakologischen Forschung, und dies keineswegs nur auf dem Gebiet der Psychodrogen.

Wer diese Versuche mit nichtwissenschaftlichen Augen betrachtet, wird sagen müssen, daß hier Tiere auf eine perverse Weise vermenschlicht werden, indem man an ihnen Krankheitsbilder erzeugt, die ihnen von Natur aus fremd sind.

Die Apathie, die sich bis zur Katalepsie, zur denkmalhaften Erstarrung inmitten einer Bewegung steigert, erinnert fatal an Bilder von chemisch gedämpften menschlichen Psychotikern, wie die Medien sie in letzter Zeit immer wieder verbreiteten – als Anklage gegen eine Anstaltspsychiatrie, die die Kranken mit Pillen ruhigstellt, sie aber nicht heilt.

Die Psychiatrie verteidigt sich, indem sie sagt, man wisse noch viel zu wenig über biochemische Hirnabläufe bei Geisteskranken, und also könne es auch, so sekundiert ihr die Pharmakologie, noch keine perfekten Heilmittel geben. Eine Diskussion über die denaturierten Lebensbedingungen der Menschen in der modernen Industriegesellschaft, die zunehmend zu geistigen Erkrankungen führen, wird als außerfachlich, als neben der medizinisch-wissenschaftlichen Sache liegend angesehen. Allein Forschung tue not. Und natürlich am Tier. Das Psychiater-Ehepaar Herbert und Margot Stiller, die wissenschaftlichen Wortführer der Tierversuchsgegner, aber sagen:

Das Studium der Nebenwirkungen von Psychodrogen nimmt in der Pharmaforschung einen breiten Raum ein. Hier Rhesusaffen in medikamentös stark gedämpftem Zustand. Sie haben unter der «chemischen Keule» jede arttypische Lebhaftigkeit und ihr soziales Interesse aneinander eingebüßt.

Auf dem Bildhintergrund eines durch Psychopharmaka schwer gestörten Affen dieses Textzitat

«Die gesamte experimentelle Versuchstierforschung ist auf einer Gewaltmoral unter Mißbrauch der Arg- und Wehrlosigkeit der Opfer aufgebaut. Es besteht eine völlige Mißachtung und totale Gleichgültigkeit gegenüber dem tierischen Leben und Leiden, die mit dem Ethos der Tierärzte, soweit die Experimentatoren dazugehören, eigentlich unvereinbar sein müßte.»

(H. u. M. Stiller,
Tierversuch und Tierexperimentator, 1976)

Dr. Joachim Jaekel:

Eine Gruppe von Rhesusaffen unter Drogeneinfluß. Die Gesichter der Tiere erscheinen verwüstet, blutleer. Speichelfluß. Leichtes Zittern der Köpfe. Dahinter ein kataleptisch erstarrter Affe

«So etwas kann eigentlich nur ein Menschenarzt sagen, der an den hippokratischen Eid gebunden ist. An einen Eid, der ihn verpflichtet, Leben in jedem Falle und mit allen Mitteln zu erhalten. Das trifft für einen Tierarzt nur bedingt zu. Wir wissen, daß der Mensch das Tier seit jeher ausgenutzt hat. Sei es zum Vergnügen, sei es als Schlachttier oder – wie in unserem Falle – zur Prüfung von Medikamenten, die er selbst einmal zu sich nehmen wird. Das Ethos des Tierarztes in einer derartigen Situation kann eigentlich nur darin bestehen, Qualen vom Tier weitgehendst fernzuhalten.
Was meine Experimente hier angeht, kann ich dazu sagen, daß ich mit diesen Tieren bereits seit 1969 arbeite.
Unsere Versuche haben keinen tödlichen Ausgang für das Tier. Wir verwenden Dosierungen der Medikamente, wie sie später auch für den Patienten in der Klinik gedacht sind. Und die Tiere haben zwischen den einzelnen Versuchen Erholungspausen von vier Wochen bis hin zu sechs Monaten.»

Dämpfungserscheinungen als Nebenwirkung von Psychopharmaka steigern sich mitunter bis zur Katalepsie, einer denkmalhaften Erstarrung der Motorik. Hier eingetreten während der Essensaufnahme.

Während die Kamera die Affengruppe abschwenkt: Mehrere Durchblenden auf die Gesichter psychotischer Menschen mit analogen Krankheitsbildern

Horst Stern:
Das Elend dieser Tiergesichter ist nur zu ertragen, wenn man seine menschlichen Entsprechungen im Auge behält. Gleichwohl bleiben Zweifel bestehen am schrecklichen Positivismus der Pharmakologen, es liege – da die zeitweilige Zerstörung der Affenpsyche chemisch bewirkt sei – auch diesen verwüsteten menschlichen Seelen ein gestörter hirnlicher Chemismus zugrunde, der letztlich mit Chemie wieder heilbar sei.
Andererseits, wenn das, was sich hier äußert, gottgesandte Seele ist, dann wird man auch der leidenden Tierkreatur eine Seele nicht länger absprechen können. Dann ist auch im Umgang mit ihr Humanität gefordert.

Blutleere, wie erschöpft wirkende Tiergesichter erregen auch bei wenig emotional veranlagten Betrachtern tiefes Unbehagen an dieser Forschung.

Indien war der Hauptlieferant von Rhesusaffen für die Labors der ganzen Welt. In den fünfziger Jahren wurden allein in Nordamerika und nur für die Herstellung von Impfstoffen gegen Kinderlähmung jährlich 200000 meist indische Rhesusaffen verbraucht. Als die Bestände in Gefahr gerieten, drosselte Indien die Exporte auf 20000 Tiere pro Jahr. 12000 davon gingen in die USA. Dann, am 1. April 1978, stoppte Indiens Ministerpräsident Desai die Affenausfuhr total. Er hatte erfahren, daß ein Teil der Tiere von nordamerikanischen Militärs grausamen Strahlenversuchen zur Erprobung der Neutronenbombe unterworfen wurde. Seither stocken in aller Welt die medizinischen Forschungsprogramme, es sei denn, die Pharmakonzerne haben längst schon, wie Ciba-Geigy, einen Teil ihrer Experimente nach Indien ausgelagert.

Inder tragen Rhesusaffen in Käfigen durch den tropischen Park einer Ciba-Geigy-Forschungsdependance in der Nähe von Bombay

Über 340000 Bundesbürger leiden an Epilepsie, darunter nicht wenige Kinder. Sie sind nicht des Mitleids, sie sind der Behandlung bedürftig, denn auch der Fallsucht, der heiligen Krankheit des Altertums, liegen chemisch beeinflußbare Fehlvorgänge im Hirn zugrunde. Da das Zentralnervensystem des Rhesusaffen eine große Ähnlichkeit mit dem unsrigen hat, werden Versuchstiere durch einen Eingriff im Gehirn für epileptische Anfälle bereit gemacht. Durch Streßeinwirkung im Käfig oder durch Injektionen kann man sie beliebig auslösen, um ihre Intensität zu messen und sie mit Prüfsubstanzen zu dämpfen oder zu verhindern. Dr. Joy David, eine in den USA ausgebildete Neurologin, ist spezialisiert in Epilepsie.

In den Forschungslabors. Eine indische Ärztin löst durch Streß-Zufügung mittels eines Schiebers im Affenkäfig einen epileptischen Anfall bei einem Rhesusaffen aus

Dr. Joy David:

«Dieser Affe hat eine chronische Epilepsie, ähnlich der menschlichen. Sie wurde herbeigeführt durch eine Paste aus Aluminiumhydroxid, die in geringer Menge ins Affengehirn verbracht wurde. In 30 bis 45 Tagen entwickelte das Tier epileptische Anfälle in den vier Extremitäten, im Schwanz und im Körper.

Ich werde nun einen Anfall dadurch produzieren, daß ich dem Affen eine milde Reizung zufüge. Sie können dann die Art des Anfalls beobachten.

Bilder analog zum Kommentar

Sie sehen, daß die Glieder rhythmisch zu zucken beginnen ...
Die Zuckungen werden auf den ganzen Körper übertragen ...
Das Tier klammert sich, um Halt zu finden, an den Käfigwänden fest ...
Das Zucken nimmt an Stärke zu ...

Durchblende auf menschlichen Epileptiker

Das ist ein Anfall, ganz ähnlich dem eines menschlichen Epileptikers ...
Das Zucken hat nun alle Extremitäten befallen ...

Rückblende auf Affen

Der Anfall ist vorüber, und das Tier gewinnt innerhalb von Sekunden den vollen Gebrauch seiner Gliedmaßen zurück.

Wir provozieren einen solchen Anfall dreimal täglich. Diese grafischen Säulen stehen für Durchschnittsdauer und Stärke der Anfälle.

Dr. David erläutert eine graphische Darstellung ihrer Versuchsergebnisse

Diese Stelle hier zeigt die Behandlung des Tieres mit einem Medikament an, das bereits im Handel ist und dessen Namen wir absichtlich verdeckt haben. Sie können sehen, daß während der Behandlung mit diesem Medikament die Anfälle zwar vermindert wurden, aber nicht aufhörten. Und nach dem Absetzen des Medikaments nahmen die Anfälle als Rückschlag sogar zu, über die hinaus, die wir am Anfang hatten.
Das ist für uns der Antrieb, nach besseren Medikamenten zu suchen, nach Substanzen, die für den epileptischen Patienten ein Maximum an Wohltat mit einem Minimum an Risiko verbinden.
Dem Affen, den Sie vorhin sahen, gaben wir eine Prüfsubstanz ein, und während der zehn Tage der Verabreichung dieser Substanz hörten die Anfälle ganz auf, im Gegensatz zur Wirkung des handelsüblichen Mittels. Als wir dann die Prüfsubstanz absetzten, gab es keinen Rückschlag in Form verstärkter Anfälle, und Sie können sehen, daß die Intensität der unbehandelten Anfälle unter der Kontrollhöhe blieb.»

Horst Stern:
Wer die Epileptiker unter uns nicht den Teufelsaustreibern überlassen will, wer ihr Schicksal nicht der

Unversehrtheit von Tieren unterordnen möchte, der hat wohl keine andere Wahl, als diesen Tieren in die leidvollen Gesichter zu schauen, in denen sich – und das ist das wahrhaft Erschreckende – ein heilloses Nichtbegreifen spiegelt. Denn was ihnen hier aus den Spritzen in den Leib fährt, dafür hat die Natur sie nicht programmiert. Sie haben nicht einmal den Trost des Verstandes, der dem menschlichen Epileptiker hilft, sein Schicksal zu begreifen und auf Heilung zu hoffen.

Ein Rhesusaffe stürzt in einem durch eine Injektion herbeigeführten Epilepsie-Anfall zu Boden, zuckt am ganzen Körper, richtet sich schließlich wieder auf und kehrt sein schrecklich anzuschauendes, zerstörtes Gesicht der Kamera zu

Horst Stern (Schlußmoderation):
Wie an keiner anderen Tierart wird an den Affen im Gehirn-Versuch die schwer auslotbare moralische Vielschichtigkeit des Tierversuchs deutlich.
Unser Gehirn funktioniert nicht isoliert im Reagenzglas. Es ist mit seinen 15 Milliarden Nervenzellen und seinen vielen, kaum noch erforschten Funktionszusammenhängen auch als Computer nicht nachbaubar. Woran also Medikamente prüfen, die auf das Gehirn einwirken sollen? Am gehirnkranken Menschen etwa?
Dafür fehlt es oft an der Zurechnungsfähigkeit als der ersten gesetzlichen Voraussetzung für eine Einwilligung des Patienten in eine klinische Medikamentenerprobung. Nichts auf dem Gebiet des Menschenversuchs ruft deshalb heute mit Recht leidenschaftlichere Proteste hervor als die Verletzung dieses Tabus.

(«Praktisch alle Tierversuche sind statistisch-wissenschaftlich unhaltbar, da sie für den Menschen keine Gültigkeit besitzen. Sie haben nur Alibifunktion für Pharmakonzerne, die sich damit abzusichern hoffen.» H. und M. Stiller)

Andererseits: Wenn die Primaten, also die Menschenaffen, die uns entwicklungsgeschichtlich am nächsten stehen, Wesen im Vorfeld des Menschen sind, Entwürfe der Natur zu seinem eigenen Bild, und wenn geisteskranke Menschen Wesen sind, die auf dieses vormenschliche Entwurfsstadium zurückgeworfen wurden, unter Verlust des frei wählenden, frei entscheidenden Geistes, der allein uns vom instinktgebundenen Tier trennt – was berechtigt uns dann, an den Menschenaffen zu experimentieren, das klinische Experiment an diesen reduzierten Menschen aber zu tabuieren?

(«... sind in den letzten Jahren die meisten toxischen Reaktionen auf Arzneisubstanzen schon am Tier festgestellt worden. Die Untersuchungen am Tier sind also letzten Endes die einzige weitgehend wirksame Methode, Schäden von vornherein zu vermeiden.» Hoechst AG)

Ich möchte diese gedankliche Tabuverletzung noch weitertreiben: In medizinischen Zeitungen kann man derzeit lesen, daß die Seuche der Hepatitis, eine seit Menschengedenken ganze Völkergruppen heimsuchende Leberkrankheit, mit einem anwendungsreif entwickelten Serum ausrottbar wäre, wenn man dieses Serum Menge für Menge an Schimpansen auf Sicherheit überprüfen könnte.

Das geht nur mit Schimpansen. Und man bräuchte dazu von ihnen so viele, daß ihre Ausrottung in freier Wildbahn – weil man sie nicht in einer genügend großen Zahl nachzüchten kann – sicher wäre.

(Stimme in einer Diskussion des Autors mit Studenten: «Hätte ich Hepatitis, wäre es mir egal, ob die Schimpansen zu meiner Heilung ausgerottet würden. Ich würde das Medikament sogar meinem Krankenbettnachbarn vom Tisch stehlen, denn so ist der Mensch, und alles andere ist Heuchelei ...»)

Ich frage: Haben wir das Recht, unsere ohnehin selten gewordenen nächsten Verwandten – die Menschenaffen – auszurotten, vollends auszurotten, nur um Menschen zu retten, Angehörige einer Art doch, die durch ihre krebsartig wuchernde Zahl ohnehin die Erde zu verheeren droht?

Ich meine: nein! Freilich habe ich auch keine Hepatitis.

Und sollen wir, analog dazu, unsere geistes- und gemütskranken Mitmenschen ihrem seelischen Elend überlassen, obwohl ihnen, das sagen alle Psychiater, mit vernünftig eingesetzten modernen Drogen oft nachhaltig geholfen werden kann – nur um Menschenaffen zu schonen?

Ich meine: nein! Aber ich bin freilich auch kein Menschenaffe.

Was ich sagen will ist dies: Nur moralischer Rigorismus, einseitig auf den Menschen oder auf das Tier fixiert, stolpert mit raschen Antworten in diese ethischen Fragen nach der Wertigkeit von Mensch und Tier hinein.

Es gibt kein Heil für des Menschen Bruder zur Rechten, den Menschen, ohne Elend für seinen Bruder zur Linken, das Tier.

Die Frage kann nur lauten: Wieviel Elend muß es denn sein?

Dritter Teil

Das Gesetz

Horst Stern (Anfangsmoderation):
Die jährlichen Ausgaben der Schweizer Verbraucher für kosmetische Erzeugnisse werden auf rund eine Milliarde Schweizer Franken geschätzt. Das sind durchschnittlich 200 Franken pro Kopf. Der schweizerische Arzneimittel-Umsatz ist nur geringfügig höher. Es ist anzunehmen, daß diese Zahlenverhältnisse auch für andere westliche Industrienationen Gültigkeit haben.
Während die Wachstumsrate des Pharma-Umsatzes bei jährlich einem Prozent liegt, beträgt sie bei den Kosmetika drei bis fünf Prozent, nicht zuletzt dank einer immer massiver eingesetzten Werbung, die unverhohlen stark erotische Züge trägt.

Eine Bildmontage aus Sequenzen der deutschen Fernsehwerbung für Kosmetika

Es sind in der Mehrzahl Frauen, die dem kosmetischen Markt seine wirtschaftliche Bedeutung geben, und Frauen sind es auch, die dem öffentlichen Protest gegen Tierversuche sein zahlenmäßiges Gewicht verleihen. Sie bedenken meist nicht, daß nicht nur die Arzneimittelforschung, sondern auch die kosmetische Industrie – wie auch die Hersteller der vielen Haushalts-Supersaubermänner – ständig mit neuen chemischen Wirkstoffen experimentieren. Die Verträglichkeit solcher neuen Substanzen für die Augen, für die menschliche Haut und die inneren Schleimhäute wird vielfach am Tier, vorzugsweise am Kaninchen, geprüft. So schreiben es die Gesetze vor. Es sind unsere Gesetze.

Horst Stern:
Kosmetische Produkte wirken auf die Haut ein, und viele, wie zum Beispiel Shampoo, gelangen unabsichtlich in die Augen. Da das Gesetz es verbietet, Stoffe in den Verkehr zu bringen, die die menschliche Gesund-

Einem Versuchskaninchen wird ein Shampoo ins Auge gedrückt

heit schädigen könnten, schädigt man – ist man sich nicht sicher – erst einmal die Gesundheit von Kaninchen. Das Kaninchenauge ist ein beliebtes Testobjekt, tränt es doch kaum und kann darum die Wirkstoffe nicht unwissenschaftlich verdünnen; überdies ist es groß und also gut zu beobachten.

Einem anderen Kaninchen werden chemische Wirkstoffe auf die Haut verbracht. Bildfolge analog zum Kommentar

Für Hautprüfungen wird das Kaninchen geschoren und die nun menschenähnliche Haut mit leichten Messerstrichen sensibilisiert. Acht Kaninchen für einen Test. Es sind durchweg Albinos. Sie werden von Spezialfirmen am laufenden Band und nur für diese Zwekke gezüchtet. Im Alter von sechs Wochen kommen sie in den Versuch. Älter als zehn Wochen werden sie selten. Sie wandern nach Gebrauch ausnahmslos in die Gaskammer: Sterben für die risikolose Verschönerung des Menschen, das Feuer seiner Augen, die zarte Glätte seiner Hände, seine jugendliche Haut noch mit fünfzig, und so weiter.

Kaninchen im toxikologischen Versuch.

Laboranten obliegt neben der Verursachung der Augen- und Hautzerstörungen auch die Symptomprüfung. In bestimmten Abständen – zwischen einer Stunde und sieben Tagen nach Anbringung des zu prüfenden Wirkstoffes – werden die Befunde katalogisiert.

Eine Laborantin prüft Augen und Haut der Versuchskaninchen

Als 1971 zwei amerikanische Wissenschaftler in 31 Laboratorien, darunter in sieben der kosmetischen Industrie, deren Haut- und Augenprüfungen an Kaninchen vergleichend untersuchten, fanden sie von Labor zu Labor Ergebnisschwankungen von einer Bandbreite, die diese Tierversuche in ihrer Aussagekraft praktisch wertlos machte. Die Idee, zur Prüfung von Farbstoffen und anderen Chemikalien Augenbänke einzurichten, mit Bindehäuten und Augenlidern, die man von ausgebrauchten Hauttest-Kaninchen vor deren Tötung operativ gewinnen könnte, findet nicht den Beifall der Industrie. Die halbe Stunde eines Operateurs kostet mehr als ein ganzes Kaninchen.

Kamera schwenkt lange Batteriekäfigreihen mit Versuchskaninchen ab

Ein Holzklotz zum Knabbern für das Knabbertier tut dem Tierschutzgesetz Genüge; es verlangt eine «artgerechte» Haltung.

Ein Kaninchen spielt mit einem Holzklotz

Damit Kinder sich gefahrlos den Inhalt einer Zahnpastatube – zum Beispiel – einverleiben können, wird eine Zahnpastamenge, die im Tierversuch einem Prozent des Kinderkörpergewichts entspricht, nach schluckfreundlicher Zubereitung im Mixer Meerschweinchen verabreicht. Meerschweinchen sind sensibel. «Wenn man sie dreimal anbrüllt», sagt der Laborant, «haben sie schon ein Magengeschwür.»

Einigen Meerschweinchen wird eine Lösung aus Zahnpasta in den Schlund gespritzt

Fachleute schätzen den von der kosmetischen Industrie veranlaßten Anteil am Gesamttierverbrauch auf zehn bis fünfzehn Prozent. Das wären dann allein auf den Marktführer USA bezogen etwa 6–8 Millionen Versuchstiere pro Jahr.

Aber kehren wir in die Arzneimittelforschung zurück.

Neben Ratten und Mäusen ist der Beagle-Hund das Tier der Wahl, wenn es um die Prüfung der Giftigkeit von Arzneimittelwirkstoffen geht. Für Langzeitversuche schreibt das Gesetz vor, daß eine der zur Prüfung benutzten Tierarten kein Nagetier, also keine Maus

Kamera schwenkt über Batteriekäfige, in denen, in Einzelhaltung, Beagle-Hunde zu sehen sind

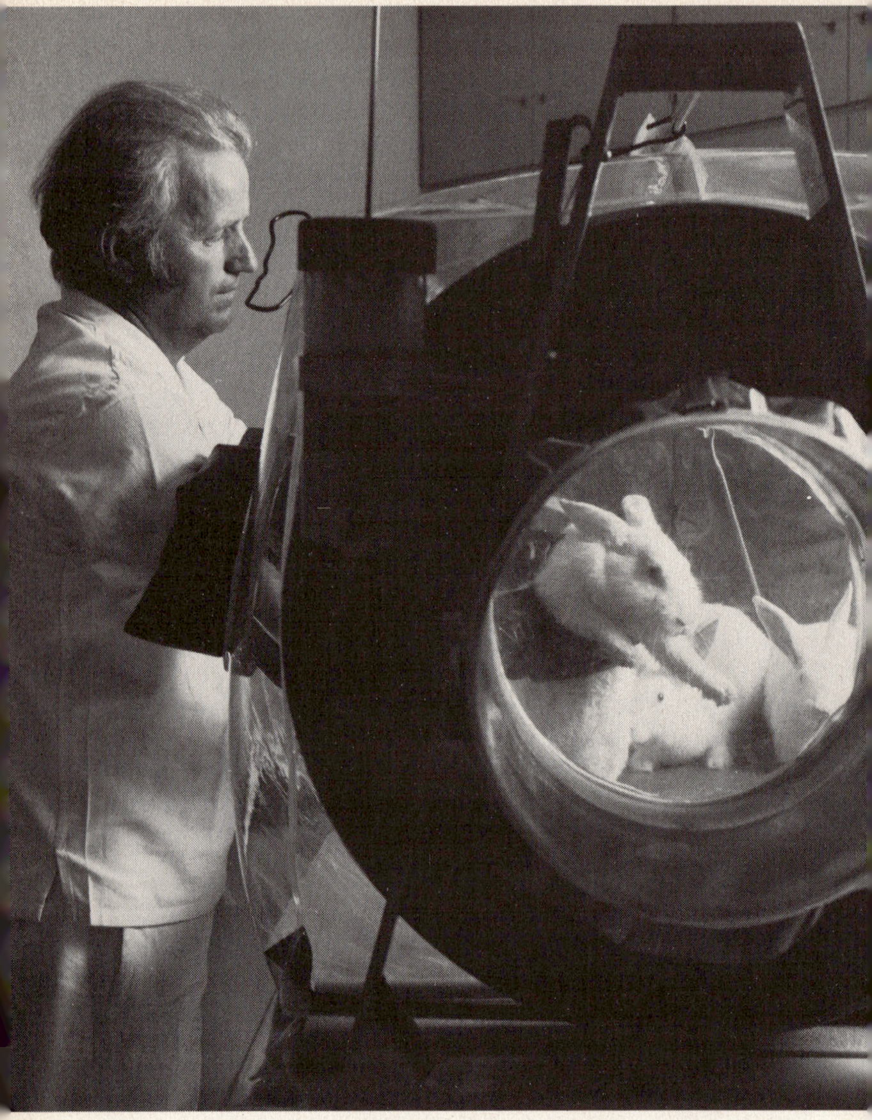

Kaninchen werden in der Toxikologie, der Lehre von den Giften, zur Prüfung von Arzneimitteln eingesetzt. In der toxikologischen Prüfung von Kosmetika sind sie weltweit das bevorzugteste Tier, das menschliches Streben nach Schönheit und Jugendlichkeit mit der Zerstörung seiner Augen und seiner Haut bezahlt.

und keine Ratte sein dürfe. Im Klartext heißt das: Hund oder Affe. Meist Hund, denn der Beagle ist beliebig vermehrbar und kostet erheblich weniger als ein Affe, nämlich 200 Mark mit zwei und 360 Mark mit neun Monaten. Er ist für Toxikologen auch ethisch unbedenklicher als der Affe und überdies durch lange Zuchtwahl herdenfähig, sanft im Wesen und willig im Pillenschlucken. Lästige Instinkte wurden ihm weggezüchtet. Nur bellt er leider noch so laut. In Nordamerika entfernt man ihm deswegen die Stimmbänder. Was man in Basel schlicht eine «Sauerei» nennt, nennt man in den USA «entbellen». Wissenschaftler haben für die schrecklichsten Dinge oft die hübschesten Namen.

Den Hunden werden von Laboranten Antidiabetika in Pillenform in den Schlund gedrückt

In regelmäßigen Abständen EKG, Blutuntersuchung und Augenspiegelung, 30 Hunde pro Stunde. Am Ende des Versuchs steht die tödliche Spritze, die Sektion und die Untersuchung der betroffenen Organe. Die Hunde enden jung, kaum älter als 18 Monate. Mit neun Monaten schon kommen sie in den Versuch; frißt doch ein Hund pro Tag für knapp eine Mark Futter. Das läuft ins Geld.

Bildfolgen analog zum Kommentar

Der Pavian bekam eine Beruhigungsspritze ins Gesäß. Es dauert nur wenige Minuten, dann wird das große, gefährliche Tier müde.

Laboranten verabreichen einem Pavian, den sie sich mit einem Schieber an die vordere Käfigwand zogen, eine Beruhigungsspritze in das Gesäß. Alsbald tragen sie das schwere Tier in einen Versuchsraum, in dem bereits ein anderer Pavian in seinem Stuhl fixiert ist

Fixiert am Hals, an der Brust, an Oberschenkeln und Füßen, verbringen die Tiere Tag und Nacht in diesen ausgeklügelten Stühlen, bis zu drei Monate mitunter, als lebende Prüfmaschinen für die pharmakokinetischen Eigenschaften chemischer Substanzen. Im Harn und im Stuhlgang, die durch Trichter in separate Gefäße geleitet werden, enthüllt sich den Biochemikern der stoffliche Werdegang einer Prüfsubstanz in einem lebenden Organismus.

Die Paviane bleiben auch nach Abklingen der Beruhigungsspritze gelassen. Sie sind trainiert. Sie kennen das Spiel.

Man hatte anfangs Bedenken, mich diese Versuche filmen zu lassen. Bilder davon sind leicht in den Dienst der emotionalen Aufheizung eines Laienpublikums zu stellen, vermitteln sie doch den Eindruck brutalster

Vergewaltigung. Eine Vergewaltigung der Tiere ist es natürlich auch, was hier geschieht; doch erleiden sie weder Schmerz noch Beschädigung. Sie sind seit vielen Jahren im Versuch. Die Dosierungen sind nicht auf Vergiftung angelegt. Man will nicht wissen, wie der Körper auf die Substanz, sondern wie die Substanz auf den Körper reagiert.
Von der Biochemie zur Toxikologie, der Lehre von den Giftwirkungen.

Beide Paviane, in ihren Stühlen festgeschnallt, verbleiben allein im Raum; sie versuchen, Kontakt mit den Händen aufzunehmen

Horst Stern:
Der Doktor der Medizin Justus Gelzer bei einem akuten Versuch mit einem für die Psychiatrie gedachten Heilmittel. Von Gelzer stammt der Satz: «Es ist unmöglich, auf der Basis von toxikologischen Tierversuchen zu sagen, ob ein Heilmittel im klinischen Gebrauch sicher ist.» Warum also macht er diese Versuche?

Dr. Justus Gelzer:
«Präparate, deren Wirkung wir erkannt haben und die für die Untersuchung am Menschen vorgesehen sind, müssen in mindestens zwei Tierarten auf ihre Verträglichkeit untersucht werden. Wir benützen normalerweise Ratten und Hunde; in diesem Falle Beagle-Hunde.

Dr. J. Gelzer hockt zwischen Beagle-Hunden mit Ausfallerscheinungen nach Verabreichung einer Psychodroge

Diese Hunde werden mit ansteigenden Dosen behandelt, und die Wirkung auf das Verhalten, auf die Symptome – Erbrechen, Krämpfe, Schlaf- und Gehstörungen – werden sorgfältig ermittelt. Dies ist nur der Beginn der Verträglichkeitsstudien, die nachher ergänzt werden durch zwei- bis vierwöchige Behandlungsdauer, dreimonatige Versuche bis zu einem Jahr. Versuche, die wir tun, weil sie so im Gesetz verankert sind.
Die Hunde in diesen Versuchen müssen alle sterben –

Die Hunde zeigen schwere Wirkungen: Lähmungserscheinungen, Müdigkeit, Erbrechen

Überwiegend Beagle-Hunde werden in der Toxikologie eingesetzt. Ihr Leben beginnt und endet unter klinischen Laborbedingungen. Sie sterben durchweg jung.

ein Fachgebiet, das uns aus diesem Grunde nicht als ein erfreulicher Teil der Forschung imponiert. Und doch haben wir keine Wahl, denn wir sind es unseren Kranken schuldig, Wirkungen und Nebenwirkungen unserer Substanzen möglichst genau zu erfassen.»

Horst Stern:
Sterben also, wie das Gesetz es befiehlt. Der Tiertod kaum mehr als eine Warnlampe für den Menschen: Achtung Gift!
Und oft genug in der Heilmittelgeschichte versagten alle Warnlampen des toxikologischen Tierversuchs. Achselzucken in der Gesundheitsbürokratie, und an den Kritiker die Frage: Wissen Sie Besseres?

Ein Beagle liegt zitternd, Schaum vor dem Maul, am Boden. Er jault stoßweise. Auf dem Beagle als Bildhintergrund dieses Zitat

Tierfreunde werden bei diesen Bildern ihrer Erregung vielleicht besser Herr, wenn sie bedenken, daß die Verträglichkeit von Medikamenten, die der Tierarzt ihren kranken Lieblingen verschreibt, nicht anders geprüft wird.

«Versuchstierforscher sind Lebewesen besonderer Art. Man sollte sie nicht leichtfertig Menschen nennen.»
(Bund gegen den Mißbrauch der Tiere e. V.)

Dr. Justus Gelzer:
«Das ist schlechthin absurd und deutet auf Unzurechnungsfähigkeit hin. Wer so argumentiert, setzt seine eigene Glaubwürdigkeit aufs Spiel, auch auf anderen Bereichen. Ich würde nicht diskutieren.»

Horst Stern:

Gelzer sitzt in der Uniform eines Schweizer Majors beim Frühstück mit seiner Familie

Justus Gelzer ist Leiter der Biologieforschung im Geschäftsbereich Pharma von Ciba-Geigy. Jahrgang 1929. Studium der Medizin, Mikrobiologie und Immunologie in Basel, Zürich und New York. 65 wissenschaftliche Veröffentlichungen. Diplomierter Kinderarzt. Chef des medizinisch-biologischen Dienstes der Schweizer Armee im Majorsrang. Er geht von Zeit zu Zeit seinen militärischen Pflichten nach, wie jeder ordentliche Schweizer Bürger.

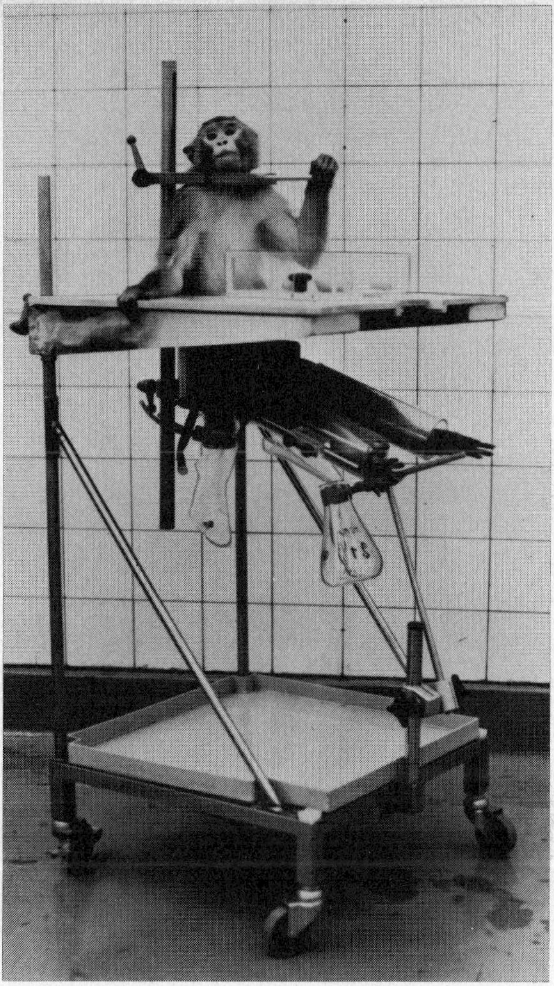

Ein Rhesusaffe im Stoffwechselstuhl. Die Tiere verbringen darin je nach Fragestellung Tage, Wochen oder auch drei Monate. Die Gesäßschalen sind individuelle Abdrücke. Die Behältnisse für das Auffangen der Ausscheidungen sind unter dem Stuhl sichtbar. Die Affen werden durch ein langes Training zum Erdulden dieser Prozedur gebracht.

Gelzer und Familie im Bild

Wie lebt es sich mit der persönlichen Verantwortung für jährlich eine Million Versuchstieropfer – Mäuse, Ratten, Hunde, Katzen, Affen –, wenn aus durchschnittlich 10000 geprüften chemischen Substanzen nur eine als Arzneimittel das Licht des Marktes erblickt?

Dr. Justus Gelzer:

Seine Frau und seine Kinder groß im Bild

«Wie lebt es sich mit der persönlichen Verantwortung? Meine Kinder und meine Frau wissen, was ich tue. In den sechziger Jahren, als wir uns noch mit einfacheren Krankheiten befaßt haben, war die Quote 1:3000, das heißt, 3000 Substanzen mußten geprüft werden, und eine davon erreichte Marktreife. Heute beträgt die Trefferquote 1:10000. Das hängt sicher damit zusammen, daß wir uns heute mit wesentlich komplizierteren Krankheiten und Krankheitsbildern befassen, wie z. B. Schwermut, Arteriosklerose oder Krebs. Entsprechend hoch ist auch der Tierverbrauch. 80000 Mäuse oder 50 Hunde oder 50 Affen sind notwendig, um die Verträglichkeit eines neuen Antidepressivums zu prüfen. Daran wird sich – trotz unserer Bemühungen um Alternativmethoden – auch in Zukunft wenig ändern lassen.»

Horst Stern:

Gelzer verläßt das Haus, steigt in seinen Wagen, fährt ab

Von rund 50000 Arzneimitteln, die auf dem deutschen Markt angeboten werden (und von denen der praktische Arzt allenfalls 150 benutzt), beruhen nur etwa 500 auf wirklich voneinander verschiedenen Wirkstoffen. 95 Prozent aller Medikamente sind nur Kombinationen mit oft minimalsten Unterschieden. Man kann auch sagen: Es sind geschäftlich veranlaßte Mixturen, für deren Erfindung das englische Wort «Me-Too-Forschung» geläufig ist.
Dennoch werden auch für diese Nachahmungsprodukte vom Gesetz Tieropfer verlangt.

Dr. Justus Gelzer:

«Die sogenannte Me-Too-Forschung ist ein schreckliches Schlagwort geworden. Es wird viel Unfug damit getrieben und immer auf die Heilmittelforschung speziell angewendet. Andererseits gibt es in der Tat in unserem Bereich Heilmittel, die nicht auf Forschung beruhen, sondern reine Nachahmungen darstellen. Aber es gibt noch einen weiteren wichtigen Gesichtspunkt. Chemisch sehr ähnliche Präparate, sogenannte Me-Too-Präparate, können unter Umständen kleine Unterschiede aufweisen, die sich für den Patienten als sehr wichtig erweisen, z. B. bessere Verträglichkeit, keine Schlafstörungen und anderes mehr. Man muß deshalb mit seinem Urteil über sogenannte Me-Too-Präparate sehr sorgfältig sein.»

Eine Montage aus Sequenzen der Pillen- und Ampullenherstellung bei Ciba-Geigy

Horst Stern:
Die Mehrzahl aller menschlichen Krankheiten hat ihre Ursache im psychischen Bereich oder in einer zerstörten Umwelt. Versuchstiere sind davon nicht betroffen.
Die Pharmaforschung macht sie darum, wie die im Gehirn manipulierten Ratten dieses Schizophrenie-Modells, künstlich, das heißt operativ und chemisch krank, um sie danach auch chemisch wieder zu heilen. Wo ist da der Bezug zum Menschen?

Im Bild sogenannte «Drehratten» – Tiere, in denen durch chemische Zerstörung eines Gehirnteils eine andauernde Drehung um die eigene Achse anmanipuliert wurde

Dr. Justus Gelzer:
«Organische Krankheiten, aber auch psychische Krankheiten im menschlichen Körper müssen letztlich aufgrund gestörter chemischer Abläufe erklärbar sein.
Ich bin mir klar, daß dies einer materialistischen Auffassung der Psyche entspricht. Aber auf der Couch des Psychiaters wird kein wissenschaftlicher Fortschritt erzielt werden.
Wir erforschen, oft leider noch mit unzulänglichen Methoden oder chemischen Modellen, so gut wir können, die Gesetzmäßigkeiten im Tier. Letzten Endes brauchen wir natürlich immer die klinische Forschung und den Patienten zur Prüfung, ob unsere im Tier gefundenen Hypothesen richtig sind.»

(«Wird das Leben vom Arzt, vom Wissenschaftler nur als Material, als Objekt, als Nicht-Lebendiges wahrgenommen, wird auch der Arzt, der Wissenschaftler entmenschlicht, er wird zum Nicht-Arzt, zum Un-Mensch.» Dr. H. Stiller, Psychiater)

Horst Stern:

Ein weltweit verbreiteter Standard-Tierversuch zur Feststellung von Schadwirkungen, die kurze Zeit nach Gebrauch von Arzneimitteln und Kosmetika eintreten können, ist der berüchtigte LD-50-Test. L steht für «letal», d. h. tödlich, und D für «Dosis». «50» bedeutet, daß der Versuch durch die einmalige Verabreichung von Dosierungen, die von Versuchsgruppe zu Versuchsgruppe ansteigen, in 50 Prozent aller am Test beteiligten Tiere zum Tode führt. Der LD-50-Test ist auch in Deutschland gesetzlich vorgeschrieben. Ohne den protokollarischen Nachweis der beobachteten Vergiftungssymptome und der quantitativen Tiersterblichkeit kommt in der Regel kein gifthaltiges Präparat, das zur Anwendung im oder am Menschen bestimmt ist, auf den Markt.

Ein Laborant spritzt mehrere Gruppen junger Ratten mit von Gruppe zu Gruppe ansteigenden Dosen einer Prüfsubstanz

Der Test ist statistisch-mathematischer Natur und verlangt oft eine große Anzahl von Tieren, zumal das Gesetz vorschreibt, daß er an mindestens zwei Arten von Säugetieren durchzuführen ist, zumeist an Ratten – wie hier – oder Mäusen. Die Tiere sind stets unbetäubt, denn man will protokollieren, mit welchen Symptomen sie auf das Gift reagieren. Ganz zweifellos erleiden die mit hohen Dosen Gefütterten starke Schmerzen. Sie verenden teilweise innerhalb von Stunden. Für die schwächer Vergifteten kommt der Tod manchmal erst nach drei Wochen, der Gesamtdauer des Tests.

Die ersten Symptome starker Schmerzen werden an einigen Tieren sichtbar: Krampfartige Streckungen, explosionsartige Sprünge, die die Tiere zuweilen aus den Behältnissen fliegen lassen

Der LD-50-Test ist seit einem halben Jahrhundert weltweit in Gebrauch. Er hat unvorstellbar große Mengen an Tieren gekostet. Von ihm bezieht die Behauptung der Tierschützer, die meisten pharmazeutischen Tierversuche würden ohne Betäubung durchgeführt, eine gewisse Berechtigung. Doch muß man dazu sagen, daß diese Behauptung in der Öffentlichkeit stets so verstanden wird, als handele es sich bei den unbetäubten Tieren überwiegend um Katzen, Hunde und Affen. Diese – im zoologischen System hochstehenden Säuger – aber sind an der Arzneimittelforschung mit durchschnittlich weniger als einem Prozent beteiligt; und bei ihnen überwiegt die Betäubung.

Der wissenschaftliche Wert dieses Tests ist umstritten. Die ihn ablehnen, sehen in ihm kaum mehr als eine gedankenlose Erfüllung gesetzlicher Prüfnormen, die keine Aussagekraft haben für die Übertragbarkeit der Ergebnisse auf den Menschen. Sie sagen spöttisch, der Test sei nur gut zur Ermittlung einer Arzneimitteldosis, mit der ein Mensch erfolgreich Selbstmord begehen könne.

Großaufnahme von stark leidenden Ratten: Krämpfe, Zittern, Aufbäumen, Exitus. Die Verendeten werden makroskopisch seziert, die Innereien auf Veränderungen geprüft

Horst Stern:
Die nicht selten mit ärztlicher Ethik aufgemachte Pharma-Werbung blockiert in den Arzneimittelverbrauchern die Erkenntnis, daß es eine absolute Heilmittelsicherheit niemals geben wird. Ein gifthaltiges Medikament ist immer nur das kleinere Risiko gegenüber dem größeren der Krankheit, die es heilen soll. Und wie die periodisch wiederkehrenden Pharma-Katastrophen zeigen: mitunter nicht einmal das.

Eine Japanerin an Krücken (Bild- und Tonzitat aus dem ARD-Magazin REPORT)

REPORT-*Sprecher:*
«Es beginnt mit Durchfall – drei, vier Tage, manchmal eine Woche lang. Danach Lähmung der Füße, fortschreitend zur Körpermitte; in schweren Fällen Erblindung. Zwei bis drei Prozent der Erkrankten sterben. Name des geheimnisvollen Nervenleidens: SMON. Abkürzung für subakute Myelo-Opticus-Neuropathie. Unheilbar.

SMON-kranke Japaner, an Krücken, in Rollstühlen, auf den Armen von Verwandten

Ursache der Krankheit: Arzneimittel. Solche, die den Wirkstoff ‹Hydroxychinolin› enthalten. Sie sind hierzulande bekannt als harmlose Mittel gegen Durchfall. Ihre Markennamen unter anderem: ‹Mexaform›, ‹Entero-Vioform› – Marktrenner seit über vierzig Jahren.
Demonstration der SMON-Opfer in Tokio. Allein in dieser Stadt gibt es 1000 bis 1500 Patienten – in ganz Japan 10000. Angeklagt sind die Pharma-Konzerne; unter ihnen die Schweizer Firma Ciba-Geigy. 18 Prozesse, zu denen die schwerbehinderten Zeugen oft nur getragen werden können, finden derzeit in Japan statt.»

Horst Stern:
Von sechzehn verklagten Pharmafirmen gaben drei – darunter Ciba-Geigy – eine Mitschuld an der SMON-Katastrophe zu.
Sie offerierten Grundentschädigungen zwischen 90000 und 225000 Schweizer Franken pro Patient. Sie seien sich bewußt, so räumten sie vor Gericht ein, daß ihre Werbung in Japan dem dort üblichen übertriebenen Medikamentenkonsum Vorschub geleistet habe.

Vorstandszimmer bei Ciba-Geigy in Basel. Am Tisch die Herren Staehelin, Heusler, Gelzer, als Interviewer: Stern

Chinoformhaltige Mittel gegen Darminfektionen waren in Japan unter 168 Namen auf dem Markt. Chinoform ist die japanische Bezeichnung für die Wirksubstanz Clioquinol, die auch in den Präparaten Mexaform und Entero-Vioform, hergestellt von Ciba-Geigy, Basel, enthalten ist.

Stern:
«Dr. Staehelin, Sie verantworten den gesamten Pharmabereich des Chemie-Konzerns Ciba-Geigy. Damit verantworten Sie auch die Katastrophe in Japan, die Ihr Haus Millionen kostet. Sie sind Jurist. Reagierten Sie auch als Jurist?»

Staehelin:
«Herr Stern, ich verantworte die Sache insofern, als ich diesem Bereich angehöre. Das Präparat ist aber seit 1930 auf dem Markt. Da war ich noch gar nicht geboren. Die SMON-Angelegenheit hat bei einer Vielzahl von Aspekten nicht nur rechtliche, sondern wissenschaftlich-medizinische und vor allem auch ernst zu nehmende soziale und menschliche Aspekte. Diese alle waren zu berücksichtigen. Deshalb haben wir, um im Interesse aller Beteiligten eine zumutbare Lösung für alle zu finden, den Vergleich abgeschlossen.

Dr. Staehelin

Dies unter der Voraussetzung, daß wir nicht ausschließen konnten, daß die clioquinolhaltigen Präparate eine der möglichen Ursachen sind, aber nicht die einzige.
Einzelne Patienten haben bei Gericht geklagt, und das Gericht hat festgehalten, daß die clioquinolhaltigen Präparate die einzige Ursache dieser Erkrankung sei-

en. Deshalb haben wir dagegen Berufung eingelegt, weil dies nicht mit unserer Auffassung übereinstimmt.»

Stern:
«Dr. Heusler, Sie verantworten als Chemiker die gesamte Pharmaforschung Ihres Hauses. Sie geben dafür im Jahr 300 Millionen Mark aus und opfern im gleichen Zeitraum mehr als eine Million Versuchstiere. Wie reimt sich das auf ‹SMON›?»

Heusler:
«Sehen Sie, ich glaube, weder die 300 Millionen Mark noch die Million Tiere hätten diese Katastrophe verhindern können, weil es – um diese Katastrophe heranreifen zu lassen – etwas gebraucht hat, was wir heute nicht kennen. Ich weiß bis heute noch nicht, was die Ursache von SMON ist. Nur müssen für eine Katastrophe dieser Art Umstände zusammentreffen, die ihre ganz verschiedenen Ursachen haben, die wahrscheinlich in der Umwelt liegen, in einer Umwelt, die wir in Tierversuchen nie reproduzieren können. Das können Umweltverunreinigungen sein, das können zusätzliche Krankheiten – Infektionen – sein, das kann eine Summation von allen möglichen Ernährungsfaktoren sein, die, wenn sie dann mit einer Behandlung zusammentreffen, zu diesem Effekt führen.»

Dr. Heusler

Dr. Gelzer Dr. Staehelin Dr. Heusler

(«Von Rechtspositionen abgesehen, erscheint es auch im Sinne der Arzneimittelsicherheit wenig sinnvoll, wenn jedes Präparat allein auf den Verdacht einer schädigenden Wirkung hin gleich vom Markt genommen würde. Damit würden vermutete oder bekannte Risiken lediglich durch neue Risiken ersetzt. Das Karussell der Entwicklung neuer Arzneisubstanzen, das neue Tier- und Menschenversuche einschließt, würde sich um so schneller im Kreise drehen, ohne daß wesentliche therapeutische Fortschritte dabei herauskämen.» Georges Füllgraff, Präsident des Bundesgesundheitsamtes, zum «Duogynon», zitiert von der Süddeutschen Zeitung.)

Stern:
«Warum nehmen Sie angesichts dieser Pharmakatastrophe die Medikamente ‹Mexaform› und ‹Entero-Vioform›, die den für SMON mitverantwortlichen Wirkstoff enthalten, nicht vom Markt?»

Heusler:
«Ich glaube, die japanische Situation ist eine ganz besondere. Außerhalb Japans aber – besonders in tropischen Ländern – gibt es wohl kaum ein Mittel, das die Wirksamkeit und gleichzeitig den niederen Preis von ‹Entero-Vioform› erreicht. Und aus diesem Grund hat uns die Weltgesundheitsorganisation und verschiedene Regierungen von tropischen Ländern immer wieder gebeten, ‹Entero-Vioform› weiter zur Verfügung zu stellen.»

Stern:
«Dr. Gelzer, Sie haben im Nachgang zu dieser SMON-Sache Hunderte von Hunden, unter Qualen für diese Tiere, opfern müssen. Sie sagten uns, daß man 80000 Mäuse für die Abklärung eines einzigen Antibiotikums benötigt. Wir wissen aus der pharmakologischen Literatur, daß zur Aufspürung einer möglichen Nebenwirkung eines Medikaments mitunter 100000 Tiere vergiftet werden müssen. Bei welcher Tierzahl – glauben Sie – hört das Recht des Menschen auf, seine oft selbstverschuldeten Leiden auf die Kreatur abzuwälzen?»

Gelzer:
«Für den Forscher gibt es keine absoluten Zahlen, Herr Dr. Stern. Wir halten uns generell an die Richtlinien. Wir versuchen, die Verhältnismäßigkeit zu bewahren. Wir werden in Bälde in der Schweiz ein Gesetz bearbeiten, in dem klar festgehalten wird: Die Zahl der Versuche ist auf das unerläßliche Maß zu beschränken.

(Dieses Gesetz ist inzwischen in einem Volksentscheid angenommen worden.)

Nun, im Fall von SMON, da besteht gar keine Frage, da mußten wir Hunderte von Hunden einsetzen. Einerseits zur Erfüllung unserer Sorgfaltspflicht über das

Präparat selbst. Andererseits haben wir Versuche durchgeführt, zweifelsohne an uns herangetragen durch die juristische Lage, wo wir vielleicht weniger rein wissenschaftlich Kombinationsversuche machten mit Quecksilber, mit Agro-Chemikalien und anderen Faktoren, um der Grundursache von SMON nachzuspüren. Nun, in der Erforschung von Antibiotika oder in irgendeinem anderen Bereich – wiederum würde ich sagen, eine obere Zahlengrenze existiert nicht.»

Dr. Gelzer

Stern:
«Eine Zahlengrenze für Tierverbrauch?»

Gelzer:
«Für Tierverbrauch. Und das gleiche wäre hier anzuführen, wenn wir über Nebenwirkungen im Menschen, die im Tier nachgeprüft werden sollen, nachforschen. Dort kommt die Statistik, die Wahrscheinlichkeit. So, in der Gesamtbilanz komme ich zur Schlußfolgerung, daß das unerläßliche Maß nicht gegeben ist, daß das letztlich eine Frage der Gesellschaft ist und der gesellschaftlichen Verantwortung.»

Über die statistische Absicherung in der Heilmittelforschung: «Wissenschaftlich befriedigenden Aufschluß (über die Mißbildungskapazität umstrittener Hormonpräparate wie Duogynon) lieferte nicht einmal die sogenannte ‹Boston-Studie›, eine großangelegte amerikanische Untersuchung an 50000 schwangeren Frauen. Der finnische Wissenschaftler Heinonen, einer der Autoren der Studie, erklärte, ihm wäre im Hinblick auf die statistische Aussagekraft der Studie wesentlich wohler, wenn ihm das Zehnfache an Daten zur Verfügung gestanden hätte.» Süddeutsche Zeitung, 6. Dezember 1978

Stern:
«Sie meinen, so lange Sie unter dem Zwang der Gesetze handeln, sind die verantwortlich, die diese Gesetze machen? Verstehe ich Sie da richtig?»

Gelzer:
«Es ist nicht nur das Gesetz, sondern es ist auch das Gesundheitsbedürfnis unserer Gesellschaft ...»

Stern:
«Ist das grenzenlos?»

Gelzer:
«Es ist relativ – ich würde sagen, in unseren Gegenden an einer hohen Grenze.»

Stern:
«An einer hohen Tierzahlgrenze?»

Gelzer:
«Das Gesundheitsbedürfnis, das sich dann reflektiert in einem – sicher zum Teil – schwer verantwortbaren Tierverbrauch. Ja!»

Horst Stern:
Die geläufige Vokabel «Tierverbrauch» enthüllt sich besonders dann als inhuman, wenn man Tiermüttern bei der – man muß schon sagen – Produktion von Tiermaterial zuschaut: Junghunde, die man zu keinem anderen Zweck zeugen, säugen und aufziehen läßt, als dem, zu sterben für das nahezu grenzenlose Gesundheits- und Sicherheitsbedürfnis des modernen Menschen. Eine Gesellschaft, die sich durch ihr maßloses Streben nach Wohlstand und Wachstum Leib und Seele vergiftet, sollte dann aber nicht diejenigen ihrer Mitglieder leichtfertig «Sadisten» nennen, die ihr unter Beachtung geltender Gesetze mit Hilfe von Tieropfern Gegengifte bereitzustellen versuchen. Tierschützerische Polemik entwertet auch eine sachlich durchaus mögliche Kritik am Vollzug des Tierschutzgesetzes, wenn sie von der Arbeit der staatlichen Genehmigungsbehörden pauschal sagt:

Hundezuchtstation Ciba-Geigy. Eine Beagle-Hündin säugt ihre Jungen

«Jeder, dem es nicht am Titel, sondern lediglich an den sittlich-seelischen Qualitäten gebricht, darf Tierversuche machen. Auch ohne Narkose.
Die Versuche müssen lediglich gemeldet beziehungsweise genehmigt werden. Und genehmigt werden sie immer.»
(Bund gegen den Mißbrauch der Tiere e. V.)

Baracke der Veterinärbehörde des Regierungspräsidiums Tübingen. Darauf das Textzitat

Moegle:
«Dazu möchte ich doch zunächst sagen, daß es ja eigentlich ein unerhörter Vorwurf ist. Er sagt ja an sich nichts anderes, als daß Tierärzte – Tierärzte im Staatsdienst – hier Vorschub leisten für Tierquälerei. Diesen Vorwurf, den muß ich für mich persönlich und für meine Kollegen zunächst mal ganz entschieden zurückweisen. Wir sind nicht Tierärzte geworden, um Tierquäler zu unterstützen.»

Im Büro des Behördenleiters Dr. med. vet. Horst Moegle

(Aus der Begründung des 5. Abschnittes – Tierversuche – des Tierschutzgesetzes vom 24. Juli 1972: «Wegen der erhöhten Schmerzfähigkeit

Stern:
«Sie drücken also keineswegs nur einen Stempel darauf und kümmern sich dann nicht mehr darum, was danach geschieht mit dem, was Sie genehmigt haben?»

Moegle:
«Nein, das kann man nicht sagen. Die Genehmigungspflicht nach dem neuen Tierschutzgesetz, wo ja jedes einzelne Versuchsvorhaben genehmigt werden muß, ist ein ganz entschiedener Fortschritt gegenüber dem früheren Zustand, wo eine Institution praktisch auf Dauer die Genehmigung erhielt, beliebige Tierversuche im Rahmen des Gesetzes zu machen.»

Stern:
«Wie können Sie denn beurteilen, ob ein Versuch im Sinne der humanmedizinischen Forschung wichtig und richtig und nützlich ist oder nicht. Es gibt zum Beispiel 9000 wissenschaftliche Arbeiten über Tierversuche zum Herzinfarkt. Wenn nun einer kommt und will noch einen obendrauf setzen – wie sollen Sie dann beurteilen, ob das nötig ist?»

Moegle:
«Das können wir selbstverständlich nur in wenigen Fällen. Ich sehe das aber auch nicht als unsere Hauptaufgabe an. Wir haben als Genehmigungsbehörde zu prüfen, ob die Voraussetzungen nach dem Tierschutzgesetz vorliegen. Und das sind ja eine ganze Reihe von Voraussetzungen. Die persönliche, die wissenschaftliche Qualifikation des Versuchsleiters und eine ganze Reihe sachlicher Voraussetzungen, die zu prüfen sind. Etwa die ganz besonders wichtige Frage nach der ordnungsgemäßen Unterbringung und Pflege der Versuchstiere. Und es ist nicht unsere Sache, im Einzelfall uns hier als Richter über die forschende Medizin etwa aufzuschwingen. Dem steht schon das Grundgesetz entgegen. Aber wir können sehr wohl in vielen Einzelfällen nachfragen. Es kommt auch durchaus vor, daß wir Versuche nicht genehmigen.»

sind für Versuche an im zoologischen System höher organisierten Tieren Sonderregelungen erforderlich. Diese Versuche sind nur nach Erteilung einer Genehmigung zulässig. Die Verantwortlichkeit für die Versuchsdurchführung ist dabei auf bestimmte fachkundige Personen abgestellt. Es ist eine jedermann bindende ethische Verpflichtung und damit ein berechtigtes Anliegen der Öffentlichkeit, das Ausmaß der Tierversuche so gering wie möglich zu halten und zu erreichen, daß Tierversuche soweit möglich durch Versuche an nicht schmerzfähiger Materie ersetzt werden. Daher hat die genehmigungserteilende Behörde zu prüfen, ob das beantragte Versuchsvorhaben erforderlich ist, der Leiter eines solchen Vorhabens die notwendige Integrität besitzt und insbesondere einwandfreie Versuchsanlagen vorhanden sind. Ausnahmen vom Genehmigungszwang sind u. a. für Tierversuche im Rahmen richterlicher Anordnungen sowie für Tierversuche, die beispielsweise nach arzneimittelrechtlichen Vorschriften erforderlich sind, vorgesehen und auch vertretbar.»)

(«Der Bedarf der Pharma-Division Ciba-Geigy beträgt ungefähr eine Million Tiere pro Jahr. Davon sind 35 Prozent Ratten, 58 Prozent Mäuse und je etwa 1 bis 2 Prozent Meerschweinchen, Hamster, Kaninchen. Dieser Tierbedarf ist durchaus im vergleichbaren Rahmen mit anderen forschenden pharmazeutischen Unternehmen ähnlicher Größe, wo Nagetiere ebenfalls einen Anteil von rund 97 Prozent der Versuchstiere ausmachen. Der Aufwand des Ciba-Geigy-Stammhauses für Versuchstiere und Tierversuche – allein für Beschaffung, Zucht und Haltung – beläuft sich auf rund 14 Millionen Schweizer Franken im Jahr.» Ciba-Geigy-Magazin 4/78)

Stern:
«In Ihrem Amtsbereich gibt es eine große pharmazeutische Fabrik, Thomae in Biberach, Sie haben hier zwei Universitäten, Tübingen und Ulm, Ulm mit einem zentralen Tierlabor, und Sie haben etliche private Forschungs-Institute. Wo haben Sie denn den größten Ärger?»

Moegle:
«Ja, ich möchte so sagen, am wenigsten Ärger macht uns eigentlich die pharmazeutische Industrie.»

Stern:
«Warum?»

Moegle:
«Für die pharmazeutische Industrie sind Tierversuche ein ganz bedeutender Kostenfaktor. Und schon aus diesem Grund wird dort genau überlegt, welcher Tierversuch nötig ist und welcher nicht.»

Ein Sprecher liest das folgende Textzitat aus einem neueren Urteil des Bundesverfassungsgerichts zur – bejahten – Frage, ob ein Biologe auch an einer nicht-staatlichen wissenschaftlichen Institution Tierversuche machen darf

(Bundesverfassungsgericht Karlsruhe vom 20. Juni 1978)
«Es bestehen keine ausreichenden Anhaltspunkte dafür, daß grunsätzlich an nichtstaatlichen wissenschaftlichen Einrichtungen, insbesondere an denen der freien Wirtschaft, mit Rücksicht auf kommerzielle Erwägungen ein für den Tierschutzgedanken höheres Risiko bestände, weil dort aus Gründen der Gewinnerzielung der Tierschutz eher vernachlässigt würde.
Die Labors und Versuchstierstationen der Industrie sind häufig ebenso gut, wenn nicht besser, mit Sachmitteln und Personal ausgestattet, als die staatlichen, besonders die universitären Einrichtungen.»

Horst Stern:
Die Wissenschaft ist nach dem Grundgesetz in Forschung und Lehre frei – frei auch zum Mißbrauch dieser Freiheit. Und wie die Gen-Forschung am Menschen, bedarf auch die Forschung am Tier – das nur juristisch eine Sache, ethisch aber ein Wesen im Vorfeld des Menschen ist – einer stärkeren gesellschaftlichen Kontrolle. Auch die Pharma-Forschung ist nicht frei davon, das wissenschaftlich Machbare für das gesellschaftlich Nötige zu halten Da gibt es Beispiele ...

Bildzitat aus dem Industriefilm «Die lautlose Revolution» der Pharma-Information Basel. Man sieht Ärzte bei der Operation am Menschen

«Schlaf! – Eine der ältesten Anpassungsmechanismen des Lebens auf unserem Planeten. Unser Verhältnis zum Schlaf ist gestört. Wir sind noch programmiert für eine Umwelt, die es bald nicht mehr geben wird. Wir haben den natürlichen Rhythmus durchbrochen und den Tag bis weit in die Nacht hinein verlängert. Kommende Generationen, deren Wohnzentren vielleicht von künstlichen Monden erhellt sind, deren Reisen auf ballistischen Bahnen in Minutenschnelle von der Nachtseite auf die Tagseite der Erde führen, werden sich der veränderten Situation auch biologisch anpassen müssen. Vielleicht wird man die Schlafdauer wesentlich abkürzen können, wenn es gelingt, die biochemischen Regulationsmechanismen rascher ablaufen zu lassen. Man wird sich freimachen vom Zwang einer bestimmten Schlafenszeit und statt dessen irgendwelche unergiebigen Wartezeiten zum Schlafen benutzen. Planmäßiges, sekundenschnelles Einschlafen und Aufwachen wird keine Schwierigkeiten machen.

O-Ton Industriefilm. Man sieht Bilder aus der Schlafforschung am Menschen. Einer Frau werden durch Sensoren, die an ihrem Kopf angebracht sind, die Hirnströme gemessen. Kaleidoskopartige Bildschnitte

Auslösen programmierter Verhaltensweisen durch Elektrostimulation. Groteskerweise gibt es in einer vom Hunger bedrohten Welt für eine Minderheit das Problem, ihren Appetit zu zügeln.
Das Versuchstier hat Elektroden in einem Gehirnbereich, von dem aus die Freßlust gesteuert wird. Durch Elektrostimulation wird der Appetit abrupt ins Gegenteil verkehrt. Sobald der Reiz aufhört, kehrt die Freßlust zurück. Ähnliche Wirkungen lassen sich auch chemisch erreichen.

Ein Rhesusaffe im Bild. Er trägt einen Sockel auf dem Schädeldach, von dem Elektroden in einen Gehirnteil führen, der das Hunger- und Sättigungsgefühl steuert. Mit Hilfe von schwachen Stromstößen wird im Tier abwechselnd Freßlust und Freßunlust ausgelöst

Es gibt Wissenschaftler, die in ihren Voraussagen noch weiter gehen. Der Mensch der Zukunft wird ein Gehirn von größerer, neuronaler Leistungspotenz haben. Er wird neue Hirnregionen entwickeln oder inaktiver aktivieren. Solchen Menschen würden sich ganz neue Forschungsmöglichkeiten öffnen, die zu einer weiteren Steigerung der Intelligenz und zu wieder neuen Forschungsmethoden führen würden und so fort ... ins Unvorstellbare. Das wäre der Schritt über den homo sapiens hinaus.»

Empfangshalle von Ciba-Geigy Basel. Hinter einer hohen und breiten Glasfront der Rhein. Chemische Industrie überall. In der Halle, in einer Sesselgruppe für Besucher, Dr. Walter Strasser. Als Interviewer Horst Stern

Stern:
«Dr. Strasser, Sie sind verantwortlich für die Informationspolitik dieses Chemie-Konzerns. Wie weit sind Ihre Forscher denn inzwischen gekommen mit der Knopfdruckbefriedigung des menschlichen Schlafbedürfnisses in der Umsteigpause zwischen zwei Intercontinentalflügen, oder mit der elektrophysiologischen Freßbremse für Wohlstandsbürger; oder gar, wie auf einem Ciba-Kongreß in den sechziger Jahren spekuliert wurde, mit der Wegzüchtung unnützer Beine für die Weltraumfahrer-Gesellschaft von morgen?»

Dr. Strasser

Strasser:
«Die Problemstellung, Herr Dr. Stern, wie sie in dem gezeigten Film und auch an diesem Ciba-Symposium vorkommt, ist sehr typisch für die sechziger Jahre. Damals schienen nicht nur im wirtschaftlichen Bereich, sondern auch in Wissenschaft und Technik die Bäume in den Himmel zu wachsen. Wir sind inzwischen ein bißchen nüchterner und – gottlob – auch bescheidener geworden. Wir wissen wieder, daß der alte Satz gilt: *natura non facit saltus* ... Die Natur macht keine Sprünge. Wir können uns mit dieser Art von Fragestellung nicht mehr identifizieren, und deswegen haben wir den Film auch vom Markt zurückgenommen.»

Stern:
«Dr. Strasser, nach der Aussage Ihres eigenen Films sind die weitaus meisten Krankheiten zivilisationsbe-

dingt. Haben Sie keine moralischen Beschwerden mit einer Geschäftspolitik, die doch darauf hinausläuft, den Menschen mit Hilfe von Pillen, die über Tierleichen gehen, an seine kaputte Umwelt anzupassen?»

Strasser:
«Nein, dieser Vorwurf an die pharmazeutische Industrie scheint mir ebenso sinnvoll oder sinnlos, wie wenn man die Automobilindustrie dafür verantwortlich machen wollte, wenn wieder ein schönes Stück Natur irgendeiner Autobahn – einer neuen – geopfert wird. Es ist die menschliche Gesellschaft, die ihre Bedürfnisse formuliert. Die Aufgabe der Industrie ist es, diese Bedürfnisse zu befriedigen. Der Industrie den Schwarzen Peter zu geben für Fehlentwicklungen ist zumindest unfair und nach meiner Meinung auch eine groteske Überschätzung wirtschaftlicher Entscheidungsmöglichkeiten. Alle Tatsachen beweisen immer wieder, daß Wirtschaft viel mehr von Politik abhängig ist als Politik von Wirtschaft – gerade zum Beispiel jetzt sehr dramatisch die ganze Wechselkursentwicklung. Aufgabe der pharmazeutischen Industrie ist es, Medikamente herzustellen zur Erhaltung und Wiederherstellung der Gesundheit. Solange dies mit der nötigen Sorgfalt und nach dem letzten Stand des Wissens getan wird, scheint es mir eine ehrliche Aufgabe, die ihren Lohn wert ist.»

«Bis in die frühen 60er Jahre, als noch verhältnismäßig viele neue Medikamente Jahr für Jahr auf den Markt kamen, wurden die Kosten der Entwicklung eines Medikaments in USA auf 1,3 Millionen Dollar geschätzt. 1973 war diese Zahl auf 25 Millionen Dollar gestiegen. Eine analoge Durchschnittszahl von 89 Millionen DM für den Zeitraum der Jahre 1966 bis 1975 wurde kürzlich von Thesing für die Bundesrepublik Deutschland berichtet.»
J. Gelzer in einem Vortrag 1978 in Rom)

Stern:
«Sie gehören zu den fünf größten Arzneimittelanbietern der Welt. Der Jahresumsatz 1977 Ihrer Pharmadivision belief sich auf 2,8 Milliarden Schweizer Franken. Dr. Strasser, das sind schöne Geschäfte mit der Gesundheit, oder sollten wir gleich sagen: mit der Krankheit der Menschen?»

Strasser:
«Es ist leider gar kein so gutes Geschäft. Wir geben pro Arbeitstag drei Millionen Franken für die Forschung aus und tragen das Risiko, vielleicht jahrelang kein finanziell gutes Resultat daraus zu erhalten. Die Firma

Diese Zahl bezieht sich auf den Gesamtkonzern. Für den Bereich Pharmaforschung gibt Ciba-Geigy jährlich 300 Millionen Franken aus

Levis hat 1977 mit Blue Jeans den gleichen Umsatz gemacht und fast ohne jedes Risiko einen besseren Gewinn erzielt. Als privatwirtschaftliches Unternehmen müssen und wollen wir Gewinn machen. Das ist eine Frage des Systems. Die Alternative dazu wäre einzig, daß der Staat Medikamente erfindet, herstellt und verkauft. Meinen Sie im Ernst, daß er es besser und billiger tun würde? Hätten Sie nicht auch das Gefühl, daß drei Millionen Forschungsausgaben pro Tag ein ideales Tummelfeld für finanzpolitische Sparmaßnahmen wären? Und wie wäre es mit der Verantwortung? Bestünde nicht die Gefahr, daß der staatliche Hersteller sich hinter der staatlichen Autorität verkriechen könnte?

Als Privatunternehmen tragen wir die volle Verantwortung. Und ich glaube, unsere Zusammenarbeit in diesen drei Filmen hat es unter Beweis gestellt, daß wir sie auch dort tragen, wo es bitter wird, sie zu tragen.»

Horst Stern:

In einem Industrielabor werden Zellkulturen aus tierischem Material angesetzt

Die Prüfung von Arzneistoffen an nicht schmerzfähiger Materie, also an Zellkulturen pflanzlichen, tierischen oder menschlichen Ursprungs, ferner an Organkulturen und mit Hilfe von Computern – das ist die große Zukunftshoffnung aller sensiblen Menschen, denen die ungeheuren Tieropfer der Wissenschaft Skrupel bereiten. Diese Prüfmethoden kommen weltweit immer stärker in Gebrauch. Die Pharmaforschung fördert sie schon aus Gründen der Kostenersparnis stark. Dennoch sind sie weit entfernt davon, den Tierversuch generell ersetzen zu können. Sie werden es nach Auffassung der meisten Fachwissenschaftler auch niemals können.

Der Autor ließ sich nach Sendung der Filme auf einer Tagung der Deutschen Veterinärmedizinischen Gesellschaft belehren, daß für solche Entwicklungen öffentliche Gelder über die Deutsche Forschungsgemeinschaft (DFG) zur Verfügung gestellt werden

Aber fraglos könnte man mit diesen Alternativmethoden weiter sein. Weder das Forschungsministerium noch das Gesundheitsministerium in Bonn haben, so teilten sie auf Anfrage mit, bisher irgendwelche Mittel dafür zur Verfügung gestellt. Und so bewegt sich dieser humane Forschungszweig mitunter auf einem finanziell beschämend niedrigen Niveau.

Stern:
«Dr. Propach, Sie sind Zoologe und organisatorischer Leiter des Salem-Forschungsinstitutes in München. Was ist das Salem-Forschungsinstitut?»

Interview mit Dr. M. Propach, zur Zeit der Aufnahme noch in der genannten Funktion. Nachdem im Salem-Institut bekannt wurde, was Dr. Propach dem Fernsehen gesagt hatte, wurde er noch vor der Sendung entlassen. Dr. Propach steht nach wie vor zu seiner Aussage

Propach:
«Die Mitarbeiter des Salem-Instituts lehnen jeden Tierversuch ab. Wir erarbeiten Alternativmethoden zum Tierversuch auf der Basis von Gewebe- und Zellzucht.»

Stern:
«Wer finanziert das Salem-Institut?»

Propach:
«Das Salem-Institut finanziert sich allein von Geldspenden aus Tierschutzkreisen.»

Stern:
«Nun verbreiten Tierschutzkreise in Wort und Schrift, daß Ihr Institut für praktisch alle heute gebräuchlichen Tierversuche Alternativmethoden praxisreif entwickelt habe. Stimmt das?»

Propach:
«Wir stecken noch in ersten Orientierungsversuchen. Bis zum heutigen Tage können wir keine praxisreife Methode anbieten, an der sich Arzneimittelproben prüfen lassen. Die – leider – völlig utopischen Vorstellungen vieler Tierfreunde behindern uns in unserer wissenschaftlichen Arbeit außerordentlich. Wir können unsere Ansichten und Meinungen und Ergebnisse, die auf exakten wissenschaftlichen Erkenntnissen beruhen, nicht frei und ungebunden äußern, ohne von den Tierfreunden, die ja unsere Geldspender sind, als Verräter am Tierschutz hingestellt zu werden.»

Stern:
«Professor Dr. Goto ist Japaner, Biochemiker und wissenschaftlicher Leiter des Salem-Instituts. Er arbeitete vorher im Max-Planck-Institut für Biochemie in Mün-

In einem Labor am Mikroskop der Biochemiker Goto

chen und ging vor einigen Jahren zu Salem, weil er – wie er mir sagte – Tiere mag und ihren Gebrauch im Arzneimittelversuch durch die Erarbeitung von Ersatzmethoden überflüssig machen will.
Professor Goto, wie nahe oder wie fern sind Sie Ihrem Ziel?»

Goto:
«Es ist unmöglich, alle Krankheitssymptome im Reagenzglas herzustellen. Außerdem ist es aus ethischen Gründen überhaupt nicht zu erwarten, daß gesundes Menschengewebe jederzeit in ausreichender Menge als Ausgangsmaterial zur Verfügung steht.»

Stern:
«Welche anderen Nachteile haben Gewebekulturen noch?»

Goto:
«Ja, Gewebekulturen haben wenig Aussagekraft über das ganze physiologische Geschehen im menschlichen Körper. Unser Körper besteht nicht aus einer einfachen Zellmasse, sondern aus einer hochorganisierten Einheit, in der alle Gewebe und Organe sowohl strukturell als auch funktionell voneinander abhängig sind. Außerdem verhalten sich Körperzellen außerhalb des menschlichen Körpers sehr viel anders als im Körper.»

Stern:
«In einem Gespräch hörte ich Sie einmal von einem Testmenschen reden. Was verstehen Sie darunter?»

Goto:
«Erstens: Wenn Tierversuche abgeschafft werden sollen und – zweitens – wenn Menschen aus ethischen Gründen die Stelle der Tiere nicht einnehmen dürfen und – drittens – wenn Gewebekulturen, wie wir wissen, mit erheblichen Mängeln behaftet sind, dann bleibt nur übrig, mit Hilfe von Gen-Manipulationen einen Testmenschen im Reagenzglas herzustellen.»

(Die von Tierversuchsgegnern immer wieder verbreitete Behauptung, es gäbe praktisch für alle Tierversuche Alternativmethoden, die nicht nur sicherer, sondern auch erheblich billiger seien, doch mache die Forschung keinen Gebrauch von ihnen, wird nie unter der doch naheliegenden Frage diskutiert, warum dann auch die extrem kostenbewußte Pharma-Industrie am Tierversuch festhalte. Die ins Feld geführte Ansicht, Tierversuche befriedigten verdeckt sadistische Neigungen der Forscher und verhülfen leicht zu akademischen Titeln, ist angesichts der weltweit verbreiteten Tierversuche und des Festhaltens an ihm durch die erdrückende Mehrheit der Fachleute gar zu unsinnig.)

Horst Stern (Schlußmoderation):
Der wissenschaftlich denkbar gewordene Reagenzmensch, durch Gen-Manipulation in beliebig zahlreichen Kopien produziert und an Stelle der Tiere auf den Labortischen fixiert – das kann im Ernst nicht einmal das Ziel extrem denkender Tierschutzkreise sein.
Dennoch streben sie ohne ausreichende Alternativen zum Tierversuch die Novellierung des Bundestierschutzgesetzes mit einem schon vorliegenden juristischen Text an, der Tierversuche fast ausnahmslos verbieten würde.
Über die wirklich machbaren Alternativen aber schweigen sich alle aus:
Eindämmung eines oft an Sucht grenzenden Medikamentenkonsums, vor allem bei den Schmerzmitteln und den Psychopharmaka, durch eine private Lebensführung, die auf den Mißbrauch von Nahrungs- und Genußmitteln, von Alkohol und Nikotin verzichtet; eine Lebensführung auch, die sich dem menschenmordenden Streß der Wachstumsgesellschaft nicht mit Medikamenten, sondern mit der Verweigerung längst unmenschlich gewordener Leistungsnormen entzieht.
Die medikamentenlose Erduldung eines ärztlich verantwortbaren Schmerzes und seine Nutzung als eine Erfahrungsreise in die eigene Innenwelt könnte Versuchstierzahlen ebenso nachhaltig senken, wie eine Einschränkung der massenhaften Haltung von Nutz- und Hätscheltieren in einer denaturierten Umwelt, die sie – wie uns – von Medikamenten abhängig macht, die an Versuchstieren gefunden wurden.
Wo gar ein Lidschatten mit gemarterten Tieraugen, ein glattes Gesicht mit zerstörter Tierhaut bezahlt werden muß, wo Tiere bis zum statistisch verwertbaren Tod mit Nagellack, Haarfarben und Mundkosmetika vollgepumpt werden, um Kinder vor der Sorglosigkeit ihrer Eltern im Verwahren solcher Stoffe zu schützen, da sind Versuchstierzahlen am allerehesten zu senken. Da ist Töten frivol, weil es des sogenannten «vernünftigen Grundes» entbehrt, mit dem das Tierschutzgesetz Tod und Elend der Kreatur legalisiert.

Wir ändern also unser Leben, oder wir ändern im Bereich des pharmazeutischen Tierversuchs nichts. Und also ändern wir nichts. Der Mensch bleibt Mensch, und die Tiere werden bleiben, was sie für unsere Leiden und für unseren Luxus von jeher in Schmerzen gewesen sind:

DIE STELLVERTRETER

Ende der Filmtrilogie

Mancher, der ein Buch liest, murrt …

… wenn er Werbung findet, wo er Literatur suchte. Reklame in Büchern!!!? Warum nicht auch zwischen den Akten in Bayreuth oder neben den Gemälden in der Pinakothek?

«Rowohlts Idee mit der Zigarettenreklame im Buch (finde ich) gar nicht anfechtbar, vielmehr sehr modern. Hauptsache, es hat Erfolg und nützt dem Buch, was die deutsche Innerlichkeit dazu sagt, ist allmählich völlig gleichgültig, die will ihren Schlafrock und ihre Ruh und will ihre Kinder dußlig halten und verkriecht sich hinter Salbadern und Gepflegtheit und möchte das Geistige in den Formen eines Bridgeclubs halten – dagegen muß man angehen …»

Das schrieb Ende 1950 – Gottfried Benn.

An Stelle der «Zigarettenreklame» findet man nun in diesen Taschenbüchern Werbung für Pfandbriefe und Kommunalobligationen. «Hauptsache, es hat Erfolg und nützt dem Buch.» Und es nützt auch dem Leser. (Für die Jahreszinsen eines einzigen 100-Mark-Pfandbriefs kann man sich beispielsweise zwei Taschenbücher kaufen.)

Anhang

1 Stimmen zum Tierversuch aus dem Parlament

Antwort der Bundesregierung
auf die kleine Anfrage der Abgeordneten Dr. Schmidt (Gellersen), Peters (Poppenbüll), Müller (Schweinfurt), Paintner und der Fraktionen der SPD und F. D. P.
– Drucksache 8/2194 –

TIERVERSUCHE

Der Bundesminister für Ernährung, Landwirtschaft und Forsten hat mit Schreiben vom 14. November 1978 die vorgenannte kleine Anfrage namens der Bundesregierung wie folgt beantwortet:

1. Wie ist der Vollzug des Tierschutzgesetzes hinsichtlich der Genehmigung von Tierversuchen?

Der Vollzug des Tierschutzgesetzes obliegt den nach Landesrecht zuständigen Behörden. Dies trifft auch für die Genehmigungserteilung von Tierversuchen zu. Nach der Verwaltungsorganisation der Länder sind die hierzu getroffenen Zuständigkeitsregelungen unterschiedlich.

1.1 Welche Behörden sind damit befaßt?

Mit der Prüfung von Genehmigungsanträgen und ihrer Entscheidung sind
a) in den Ländern Berlin, Bremen, Hamburg die jeweiligen Senatoren und in Schleswig-Holstein der Minister für Ernährung, Landwirtschaft und Forsten,
b) in Rheinland-Pfalz die Kreispolizeibehörden,
c) in den übrigen Bundesländern die Regierungspräsidenten bzw. die Regierungen
befaßt.

* *Ganz unabhängig von der Antwort der Bundesregierung auf diese kleine Anfrage muß die Zuordnung des Sachgebietes Tierschutz zu den Landwirtschaftsministerien des Bundes und einiger Länder als unglücklich, um nicht zu sagen: als schädlich für die Sache der Tiere bezeichnet werden. Befinden sich schon Landwirtschaft und Nutztierschutz im Zeitalter einer industrialisierten Massentierhaltung in einem Konflikt, so ist eine solche Behörde in Fragen des Tierversuchs sachlich und (oder) personell überfordert. Er gehört eindeutig in den Bereich der Gesundheitspolitik, weil das Wohlergehen von Mensch und Tier auf die vielfältigste Weise unauflöslich verschränkt ist.*

1.2 Nach welchen Grundsätzen und Kriterien wird die Notwendigkeit von Tierversuchen
– für medizinische Zwecke
– für sonstige wissenschaftliche Zwecke
beurteilt?

Soweit nicht bereits gesetzliche Vorschriften eine entsprechende Verpflichtung enthalten, muß die Notwendigkeit, Versuche an lebenden Tieren vorzunehmen, maßgeblich aus dem jeweiligen Forschungsansatz hergeleitet werden. Wegen der Vielzahl und Unterschiedlichkeit sonst denkbarer wissensschaftlicher Fragestellungen ist eine schematische Aufstellung von Kriterien, an denen sich die wissenschaftliche Notwendigkeit eines Tierversuchs ablesen ließe, nicht möglich. Deshalb ist jedes Versuchsvorhaben im Rahmen des Genehmigungsverfahrens im Hinblick auf die Notwendigkeit eines Tierversuchs im einzelnen zu würdigen. Dabei kann es sich allerdings – schon im Hinblick auf die vom Grundgesetz garantierte Freiheit von Wissenschaft und Forschung – weder um eine Wertung der Zielsetzung des Forschungsvorhabens noch um eine rein formale Prüfung handeln. Die Verwendung von lebenden Tieren im Versuch setzt unverzichtbar in einem besonderen Maß Verantwortungsbewußtsein und Gewissensprüfung des tierexperimentell arbeitenden Wissenschaftlers voraus.
Das Tierschutzgesetz enthält den Grundsatz, Tierversuche auf das unerläßliche Maß zu beschränken. Neben der Erfüllung von Genehmigungsvoraussetzungen personeller und sachlicher Art verlangt das Tierschutzgesetz vom Antragsteller insbesondere darzulegen, daß die angestrebten Versuchsergebnisse nicht durch andere zumutbare Methoden oder Verfahren als den Tierversuch zu erreichen sind. Diese Darlegung des Antragstellers muß schlüssig und überzeugend sein. Mit diesem gesetzlichen

* Kursiv gesetzte Einschübe sind Anmerkungen des Autors.

Gebot wird gleichzeitig der Vorrang praktikabler Ersatzmethoden herausgehoben.
Diese Regelung gilt gleichermaßen für Tierversuche zu medizinischen wie zu sonstigen wissenschaftlichen Zwecken.

Der Gesetzgeber macht es sich zu leicht, wenn er Genehmigungsverfahren vorschreibt, für die sachliche und personelle Kompetenz dieser Behörden aber nicht sorgt. Im Bonner Landwirtschaftsministerium, ich sagte es schon, wird das riesige Gebiet des Tierschutzes von drei Beamten betreut.
Zwar ist Bonn nicht Genehmigungsbehörde, aber hier wurde ein trauriges Signal gesetzt für den politischen Stellenwert des Tierschutzes.

1.3 Welche Institutionen sind an der Aufstellung und Überwachung der Einhaltung dieser Kriterien beteiligt?

Soweit nicht der Gesetzgeber selbst durch eine gesetzliche Verankerung von Tierversuchen – z. B. im Arzneimittelgesetz, Abwasserabgabengesetz – deren Notwendigkeit anerkannt hat, liegt in der Regel der vom Versuchsdurchführer autonom erarbeitete wissenschaftliche Forschungsansatz zugrunde.
Im Rahmen des Genehmigungsverfahrens wird dann anhand der Darlegungen des Wissenschaftlers dazu das Erfordernis eines Tierversuchs gewürdigt. Der genehmigenden Behörde obliegt es gegebenenfalls, sich hierbei zusätzlich sachverständiger Gutachter zu bedienen.
Soll das Forschungsvorhaben mit Mitteln Dritter gefördert werden, findet darüber hinaus eine Begutachtung des Vorhabens und damit auch der Notwendigkeit von Tierversuchen durch die fördernde Stelle, z. B. Deutsche Forschungsgemeinschaft, oder deren Sachverständigen statt.
Auch das Tierschutzgesetz enthält gezielte Gebote für bestimmte Fragen hinsichtlich der Notwendigkeit, des Umfangs sowie der Durchführung von Tierversuchen. An der Aufstellung dieser Kriterien waren die zuständigen obersten Landesbehörden sowie betroffene Kreise der Wissenschaft, der Wirtschaft und des Tierschutzes im Rahmen des Gesetzgebungsverfahrens beteiligt.
Einrichtungen, in denen an Versuchstieren Eingriffe oder Behandlungen durchgeführt werden sowie Versuchstierhaltungen sind von der nach Landesrecht zuständigen Behörde zu beaufsichtigen.

1.4 Sind die Beurteilungskriterien für die Genehmigung und Ablehnung von Tierversuchen in der Bundesrepublik Deutschland abgestimmt?

Wie in 1.2 ausgeführt, lassen sich allgemeine Beurteilungskriterien für die Notwendigkeit eines Tierversuchs nicht erstellen.
Die Voraussetzungen zur Genehmigung von Tierversuchen ergeben sich aus den betreffenden Vorschriften des Tierschutzgesetzes. Außerdem stehen hier Kommentare sowie einschlägige Literatur – z. B. Ennulat-Drawer «Tierschutzpraxis», Gustav-Fischer-Verlag, Stuttgart–New York – zur Verfügung.
Soweit der Bundesregierung praktikable Verfahren zum Ersatz von Tierversuchen bekannt werden, unterrichtet sie die Länder, das Bundesgesundheitsamt sowie die betreffenden Bundesforschungsanstalten darüber umgehend.

Die Bundesregierung sagt nicht «sobald», sondern «soweit» und enthüllt damit den Zufallscharakter solcher Informationen. Auch hat sie bislang Alternativmethoden zum Tierversuch in keiner nennenswerten, d. h. technologischen Projekten vergleichbaren Weise gefördert.

2. Welche Kenntnis hat die Bundesregierung
2.1 über die wissenschaftlichen Zwecke und den zahlenmäßigen Umfang von Tierversuchen für diese Zwecke in der Bundesrepublik Deutschland

Über den zahlenmäßigen Umfang von Tierversuchen stehen der Bundesregierung eigene Unterlagen nicht zur Verfügung. Von den Ländern werden folgende Angaben gemacht, die jedoch gesetzlich vorgeschriebene und damit genehmigungsfreie sowie im Bereich der Bundeswehr durchgeführte Tierversuche nicht einschließen.

Kein Abgeordneter hakte mit der Frage nach, ob die Waffen- und Kampfmittelversuche der Bundeswehr an Tieren außerhalb des Gesetzes stehen, worauf diese Antwort schließen läßt. US-Strahlenversuche an Rhesusaffen führten ihrer besonderen Grausamkeit wegen zum totalen Ausfuhrstop dieser Tiere aus Indien.

Im ersten Halbjahr 1978 sind danach Genehmigungsanträge für etwa 350 Versuchsvorhaben, davon zwei Drittel in der Grundlagen- und ein Drittel in der zweckgerichteten (z. B. Pharma-) Forschung gestellt worden.

2.2 über die Artzugehörigkeit und Anzahl der Versuchstiere bei diesen Tierversuchen

Schätzungen gehen von 10 bis 14 Millionen Tieren aus, die jährlich in Versuchen verwendet werden. Davon sind 90 v. H. kleine Nager wie Ratten, Mäuse, Meerschweinchen und Hamster, die speziell zu Versuchszwecken gezüchtet werden. Hunde, Katzen und Affen machen nach Expertenschätzungen weniger als 1 v. H. aus.
Auch hierfür liegen der Bundesregierung eigene Zahlen nicht vor. Zwar hat sie für eine derartige Erfassung einen bereits zur Praxisreife gediehenen statistischen Fragebogen entwickelt. Dieser kann gegenwärtig jedoch nicht eingesetzt werden, da für eine bundeseinheitliche statistische Erfassung von Tierversuchen und Versuchstieren die Rechtsgrundlage fehlt. Sie soll mit dem Ratifikationsgesetz zu dem derzeit noch beim Europarat, Straßburg, in Ausarbeitung befindlichen Europäischen Übereinkommen über den Schutz von Tieren bei Versuchen in Wissenschaft und Technik alsbald geschaffen werden.

Obwohl die Eilbedürftigkeit dieser Materie angesichts astronomisch hoher Zahlen von Tieropfern außer Frage steht und obwohl die Arbeiten an diesem Fragebogen in die frühen siebziger Jahre zurückgehen, ist eine Rechtsgrundlage dafür noch immer in weiter Ferne.

2.3 über die Zahl der genehmigten und abgelehnten Tierversuche seit Erlaß des Tierschutzgesetzes?

Über eigene Zahlen verfügt die Bundesregierung auch hier nicht. Nach den der Bundesregierung zur Verfügung gestellten Informationen der Länder ergibt sich folgendes Bild:

Land	genehmigte Versuchsvorhaben seit Inkrafttreten des TierSchG	abgelehnte Versuchsvorhaben
Baden-Württemberg	457	nicht erfaßt
Bayern	93	keine Ablehnungen
Berlin	385, davon 356 – Grundlagenforschung 29 – Pharmaforschung	15; genehmigt mit Einschränkungen gemäß § 8 Abs. 5, Satz 1 des TierSchG: 40
Bremen	keine Angaben, z. Z. sind zwei Genehmigungen erteilt	keine Angaben
Hamburg	keine Angaben, für 1978: 122	keine Angaben
Hessen	keine Angaben, 1975 – 30. 9. 1978: 524	keine Angaben
Niedersachsen	keine Angaben, für 1978 I. Halbjahr: 10	I. Halbjahr 1978: 6
Nordrhein-Westfalen	keine Angaben, für 1978 I. Halbjahr: 54	keine Angaben
Rheinland-Pfalz	keine Angaben, für 1978 I. Halbjahr: 13	I. Halbjahr 1978: 2
Saarland	keine	keine Angaben
Schleswig-Holstein	keine Angaben für 1977/1978: 25	keine Angaben

Die auffallende Differenz zwischen den niedrigen Antragszahlen und den hohen des Tierverbrauchs erklärt sich aus der Tatsache, daß die gesetzlich vorgeschriebenen Sicherheitsprüfungen von Medikamenten nicht genehmigungspflichtig sind; sie aber sind für die weitaus meisten Tieropfer im pharmazeutischen Bereich verantwortlich. Auch verursachen gerade sie im toxikologischen Prüfverfahren (LD 50, Haut- und Augentest) zum Teil erhebliche Leiden, Schmerzen und Schäden, deren Zufügung, weil genehmigungsfrei, das Tierschutzgesetz für eine Unzahl von Tieren bis hinauf zum Affen in sich selber wieder aufhebt. Insoweit haben seine Kritiker recht.

Man kann diese Aufstellung mit dem häufigen Vermerk «Keine Angaben» als ein beschämendes Dokument für den Umgang einer Kulturnation mit dem Leben von Tieren werten. Während die amtlichen Statistiken überquellen von genauen Daten auch aus abstrusesten Bereichen staatlicher Ordnung, geben sie so gut wie nichts her über das Schicksal von nahezu 100 Millionen Versuchstieren, die seit 1972, dem Jahr des Inkrafttretens des neuen Bundestierschutzgesetzes, in der Bundesrepublik schätzungsweise verbraucht wurden.

Am 6. Dezember 1978 stellte der Abgeordnete *Dr. Meyer zu Bentrup* im Bundestag der Bundesregierung die folgende Frage:

Ist die Bundesregierung generell der Ansicht, daß alle Arten der in letzter Zeit in die Öffentlichkeit getragenen Tierversuche noch durch die Bestimmungen des Tierschutzgesetzes gedeckt sind, oder könnte auch sie zu der Überzeugung gelangen, daß z. B. Tierversuche für die kosmetische Industrie nicht mehr ‹sonst wissenschaftlichen›, sondern eher kommerziellen Zwecken dienen oder daß z. B. Vivisektionen im Rahmen der Verhaltensforschung «nicht durch andere zumutbare Methoden oder Verfahren» ersetzt werden können, und welche Konsequenzen wird sie daraus ziehen?

Gallus, Parl. Staatssekretär beim Bundesminister für Ernährung, Landwirtschaft und Forsten: Herr Kollege, die Bundesregierung geht davon aus, daß die von den zuständigen Landesbehörden erteilten Genehmigungen für Versuchsvorhaben mit den sehr detaillierten und restriktiv ausgerichteten Bestimmungen des Tierschutzgesetzes im Einklang stehen. Solche Genehmigungen dürfen nur erteilt werden, wenn dargelegt wird, daß die angestrebten Versuchsergebnisse nicht durch andere zumutbare Methoden oder Verfahren als den Tierversuch zu erreichen sind und die Versuche a) zur Vorbeuge, zum Erkennen oder Heilen von Krankheiten bei Mensch oder Tier erforderlich sind oder b) sonst wissenschaftlichen Zwecken dienen.
Kosmetische Mittel dürfen nach § 24 des Gesetzes zur Gesamtreform des Lebensmittelrechts nur in den Verkehr gebracht werden, wenn sie die menschliche Gesundheit nicht schädigen. Dies erfordert ihre Prüfung auf gesundheitliche Unbedenklichkeit, die in der Regel über den Tierversuch erfolgt. Die Zulässigkeit des Tierversuchs ist nach den vorgenannten Kriterien zu beurteilen.

Vizepräsident Stücklen: Eine Zusatzfrage, bitte.

Dr. Meyer zu Bentrup (CDU/CSU): Herr Staatssekretär, kann ich Ihrer Antwort entnehmen, daß die Bundesregierung die Änderung des Tierschutzgesetzes gegenwärtig nicht für erforderlich hält?

Gallus, Parl. Staatssekretär: Das können Sie.

Es spricht nicht für die Gründlichkeit des Parlaments, wenn in bezug auf den Tierversuch in der kosmetischen Industrie die Kernfrage nicht gestellt wird: Ob die Zufügung von Schmerzen bei Versuchstieren zum Zweck der Ästhetisierung und Erotisierung des Menschen nicht des «vernünftigen Grundes» entbehrt, den das Gesetz zur Bedingung solcher Schmerzzufügungen macht.

Dr. Meyer zu Bentrup (CDU/CSU): Würden Sie dann das Ergebnis einer Fachtagung der Deutschen Veterinärmedizinischen Gesellschaft in München teilen, in dem gesagt worden ist, daß im Bereich der Pharmaindustrie seit der Reform des Arzneimittelrechts das Bundesgesundheitsamt vor der klinischen Prüfung eines neuen Medikaments für die einzelnen Testserien heute Tierzahlen verlange, die durch nichts zu rechtfertigen seien?

Gallus, Parl. Staatssekretär: Herr Kollege, ich bin gern bereit, diese Sache prüfen zu lassen.

Aus dieser Verlegenheitsantwort eines Staatssekretärs immerhin, der für diese Fragen unmittelbar zuständig ist, spricht das bisherige Desinteresse der Regierung an diesen Tierversuchsproblemen. Es ist nachgerade branchenüblich geworden, in der Pharmaindustrie über die astronomischen Tierzahlen zu klagen, die die Gesundheitsbürokratie mehr zu ihrem eigenen als zum Schutz der Menschen verlangt. Ich zitiere nur eine Stimme, Prof. Dr. E. v. Wasielewsi, Leiter der Pharma-Forschung Hoechst: «... hingegen scheint mir durchaus berechtigt, daß wir einen Vorstoß in Bonn bzw. Berlin wegen der unsinnigen Forderungen machen. Hier wäre wirklich wohl der erste Anhaltspunkt, die astronomischen Tierzahlen auf ein Normalmaß zurückzuführen. Freilich sollte man auch das mit der gebotenen Skepsis sehen. Solange nicht USA und England mitmachen, wird für jeden, der auf den Weltmarkt angewiesen ist, das Problem nicht von einer Entscheidung der nationalen Behörden angehbar sein.»

Im Amtsblatt der Europäischen Gemeinschaften vom 23. Oktober 1978 findet sich eine

Schriftliche Anfrage Nr. 472/78
von Herrn McDonald
an die Kommission der Europäischen Gemeinschaften
(17. Juli 1978)

Betrifft: Tierschutz

Welche Fortschritte hat die Kommission auf dem Gebiet des Tierschutzes in bezug auf ein Abkommen über den Schutz von Versuchstieren erzielt?

Antwort
(28. September 1978)

Die Arbeiten am Entwurf eines Abkommens über den Schutz von Versuchstieren sind vom Europarat aufgenommen worden. Die Kommission unterstützt dies Vorhaben und beteiligt sich daran.
Weitere Schritte der Gemeinschaft auf diesem Gebiet sind in das künftige Arbeitsprogramm der Kommission einbezogen worden.

Die Kommission sollte wissen, daß Millionen von Versuchstieren absolut unsinnig und ohne jeden wissenschaftlichen Wert allein dadurch geopfert werden, daß einzelne europäische Länder bei Einfuhr ausländischer Heilmittel auf einer erneuten eigenen Prüfung an Tieren bestehen. Man nannte mir Frankreich und Italien.

2
Stimmen aus der Wissenschaft

Am 16./17. November 1978 hielt die Deutsche Veterinärmedizinische Gesellschaft (DVG) in Oberschleißheim bei München eine wissenschaftliche Tagung zum Thema «Zur Frage des Tierversuchs, seiner Berechtigung, Einschränkung und Ersetzbarkeit sowie zur tierschutzgerechten Haltung von Versuchstieren» ab.
Ich gebe hier aus den Referaten zitatweise Aussagen wieder, die als derzeit repräsentativ für die erdrückende Mehrheit der am Tier forschenden deutschen Wissenschaftler aller einschlägigen Disziplinen gelten können.
Eingeladen und anwesend waren der Präsident des Deutschen und des Welttierschutzbundes, Weichert, sowie der bekannte Hamburger Tierschutz-Rechtsanwalt Klaus Sojka, der ein gesetzliches Verbot aller Tierversuche anstrebt.
Während Weichert sich während der ganzen Tagung nicht zu Wort meldete, beschränkte Sojka sich bedauerlicherweise in der Hauptsache darauf, den anwesenden Wissenschaftlern mit einem «Brokdorf» vor ihren Laboratorien zu drohen. Die erregte Reaktion des gelehrten Auditoriums darauf war ein Lehrbeispiel sowohl für die Emotionalität, die dies Thema auf beiden Seiten hervorruft, als auch für die Sinnlosigkeit, ja Schädlichkeit solcher Drohungen, wie sie auch von fanatisierten «Initiativen gegen den Tierversuch» immer wieder öffentlich geäußert werden. Sie bewirken nichts als Abwehr und Verhärtung in jenen, die die Tiere in ihrer Obhut und Gewalt haben. Jede Diskussion zum Nutzen dieser Tiere wird dadurch unmöglich.

G. Tegge, Bundesministerium für Ernährung, Landwirtschaft und Forsten, Tierschutzreferat, zum Genehmigungsverfahren: «Viele mit unterschiedlichen Aufgaben betraute Personen wissen von beantragten bzw. laufenden Versuchsvorhaben. Einige haben den Verlauf des Einzelversuchs verantwortlich vorzubereiten, durchzuführen und zu überwachen, andere sind mit der Beaufsichtigung von Versuchseinrichtungen und Versuchstierhaltungen befaßt. Das Entdeckungsrisiko für den einzelnen (tierquälerisch Gesinnten – d. Verf.) ist dabei zu groß. Dieses detail-

In der Tat lassen alle Angriffe auf Tierexperimentatoren total außer acht, daß wissenschaftliche Forschung heute nur noch im Team und mit einem ungeheuren apparativen Aufwand möglich ist. Es haben viel zu viele Menschen mit gegenseitigen Zu- und Abneigungen Zutritt zu den Versuchen, als daß Grausamkeiten auf Dauer verborgen bleiben könnten.

lierte Netz hat der Gesetzgeber nach eingehender Erörterung für wirksamer und praxisgerechter gehalten als ein Ausnahmeverfahren bei (generellem) Tierversuchsverbot. Zu Fragen dieser Art hat auf dem 8. Weltkongreß des Welttierschutzbundes auch erneut Lorz Stellung genommen und ausgeführt, daß unser Tierschutzgesetz den Tierschutzanforderungen bei Tierversuchen genügt und daß das Gesetz in seiner Art einzig dasteht und vielen als Wegweiser dienen kann.»

Dr. Albert Lorz, Vizepräsident des Bayerischen Oberlandesgerichts i. R., Gesetzeskommentator u. a. für Tierschutzrecht: «Wahrhaftig ein Unglück wäre es vollends, wenn etwa die beharrliche Forderung des Unmöglichen dazu führen sollte, daß auch das Mögliche nicht erreicht wird – zu Lasten der leidenden Tiere.»

Tegge dann zu den Folgen eines Tierversuchsverbots:
«Wären Tierversuche verboten, so könnte nach Mußgay die Qualität einer Reihe von Impfstoffen nicht mehr geprüft werden. Die sereologi-

Prof. Dr. M. Mußgay, Bundesforschungsanstalt für Viruskrankheiten der Tiere, Tübingen.

sche Diagnose bei viralen Infektionskrankheiten wäre nicht mehr möglich; die Seuchenbekämpfung würde in dieser Hinsicht auf einen Stand zurückgeworfen, der der Situation um die Jahrhundertwende entspricht. Die Definierung neuer Krankheitserreger wäre nicht durchführbar, da wesentliche Versuche zur Erfüllung der Kochschen Postulate nicht erlaubt wären.
In der Virusforschung würde sich die experimentelle Arbeit auf in-vitro-Systeme konzentrieren, und sie würde dann nur noch molekular-biologisch orientiert sein, d. h. medizinische Virologie würde bald nicht mehr existieren.

In vitro: im Glas. Fachwort für Arbeiten mit Zell- und Organkulturen, die in Glasschalen gezüchtet und ernährt werden. Im Gegensatz dazu: in vivo, Arbeit am lebenden Ganzorganismus.

Auch Untersuchungen zur Aufhellung von Hintergrundwissen über Schutzanliegen der Tiere im Hinblick auf Vermeidung von Schmerzen, Leiden oder Schäden bei der Haltung, beim Transport oder beim Tötungs-/Schlachtvorgang erfordern Versuche am Ganztier.»

Durch Versuche sind in letzter Zeit Zweifel aufgetaucht (Dr. H. Schultze-Petzold, Bonn) an der Tauglichkeit des üblichen Bolzenschusses als eines Mittels zum Ausschalten des Schlachtschmerzes besonders bei Schafen.

Prof. Dr. M. Merkenschlager, Fachbereich Tiermedizin der Universität München, zur Definition des Begriffes «Tierversuch»:
«Als Tierversuch sind nur der Einsatz eines lebenden Tieres und die Verwendung eines schmerzempfindenden und -wahrnehmenden Organismus anzusprechen. Als Tierversuche gelten demnach nicht:

1. Die Entnahme von Organen aus einem Tier, dem vorher zu Versuchszwecken Schmerzen, Leiden oder Schäden nicht zugefügt wurden, sofern das Tier ausschließlich für die Organentnahme unter Beachtung der Vorschriften des § 4 TierSchG getötet wurde. Hier ist zu beachten, daß ein Wirbeltier nur unter Betäubung oder sonst nur unter Vermeidung von Schmerzen von einer Person getötet werden darf, die dazu notwendige Kenntnisse und Fähigkeiten besitzt. Auch die Tötungsmethode, z. B. die Verwendung einer Guillotine für Ratten, ist also nicht Tierversuch.

2. sind nicht Tierversuche: Eingriffe oder Behandlungen an so gewonnenen Organen.

3. Eingriffe oder Behandlungen an so oder von einem betäubten Tier unter Schnittentbindung gewonnenen Embryonen oder Feten.

4. Eingriffe oder Behandlungen an bebrüteten Vogeleiern bis zum Schlupf und entsprechend an bebrüteten Eiern anderer Wirbeltiere.

Hier wird die Doppelbödigkeit einer nur mit Versuchstierzahlen geführten polemischen Diskussion sichtbar: Fanatisierte Tierschützer verschweigen oder bedenken nicht, daß in den Zahlen, die sie stets ins Feld führen, ein ganz beträchtlicher Anteil von Tieren steckt, die als Versuchstiere schmerzlos getötet wurden, um ihnen just im Sinne der Tierschutzforderung nach vermehrten Versuchen an schmerzfreier Materie Zellgewebe und Organe zu entnehmen.

Im Abschnitt Tierversuche des TierSchG sind ausschließlich Versuche erfaßt, die durch Eingriffe oder Behandlungen mit Schmerzen, Leiden oder Schäden verbunden sein können. Tierversuche im Sinne des Gesetzes sind damit nur Versuche, bei denen Tiere und insbesondere Wirbeltiere einen möglichen Verlust von Leben, Wohlbefinden und Unversehrtheit erleiden. Bei Verwendung der Bezeichnung ‹schmerzhafter Versuch› muß die Unschärfe der Inhaltserfassung bewußt bleiben.

Bei schmerzhaften Versuchen darf es sich ausschließlich um wissenschaftliche Versuche handeln, die zur Vorbeuge, zum Erkennen und Heilen von Krankheiten bei Mensch und Tier erforderlich sind oder sonst wissenschaftlichen Zwecken dienen, und deren Ergebnisse nicht durch andere zumutbare Methoden oder Verfahren erreichbar sind.»

Ebenfalls gern übersehen wird die Tatsache, daß ein wiederum nicht geringer Anteil der Versuchstiere der Vorbeugung und Heilung von Krankheiten an Tieren geopfert wird, von denen wir uns ernähren, an denen wir in Zoo und Zirkus unser Vergnügen haben oder mit denen wir uns zu Hause umgeben.

Prof. Dr. H. Schnappauf, Universität Ulm:
«Ein großer Teil der Fragestellungen ist heute so spezifisch auf quantitative Antworten abgestellt, daß das Versuchstier zwangsläufig als *Meßinstrument* genutzt wird. Von Tierversuchsgegnern wird diese Auffassung häufig als degradierend für das Tier beanstandet. Ich betone demgegenüber, daß gerade erst diese Einstellung die Aufmerksamkeit für die Eigenarten und Bedürfnisse des Versuchstieres bei den Forschern geschärft hat. Denn das subjektive Wohlbefinden, insbesondere bei größeren Versuchstieren, gehört mit zur Qualität. Hämatologische (das Blut betreffende) Daten z. B., die von einem verängstigten Kaninchen, Hund oder Schwein ‹gewonnen› werden, sind nicht viel wert.
Natürlich muß man sich darüber im klaren sein, daß die Evolution das Tier nicht als Meßinstrument konstruiert hat. Die Maxime der Evolution ist Überleben. Überleben heißt Anpassung an Veränderungen der Umwelt durch Veränderung von Stoffwechselreaktionen. Wegen der kompliziert ineinandergreifenden Regelkreise eines Organismus bleibt dabei kaum eine Reaktion unbeeinflußt: d. h. im Meßinstrument Versuchstier ändern sich die Eichfaktoren für nahezu alle Meßparameter, wenn sich die Umweltbedingungen ändern. Im allgemeinen erfolgt dies unbemerkt und unvorhersehbar: Erst der Vergleich der Ergebnisse von Wiederholungsversuchen bringt es an den Tag.
Bleibt zu erwähnen, daß außer den laborisierten Versuchstierspezies immer wieder neue Tierarten aus dem Status des Wildfangs in den Versuchstierstatus überführt werden. Soweit dies nicht zu vergleichenden zoo-physiologischen Untersuchungen über die Spezies an sich geschieht, sollte jeweils ernsthaft geprüft werden, ob das angestrebte spezielle Modell nicht doch bereits in den zahlreichen Formen der laborisierten Tiere vorliegt. Dies gilt insbesondere dann, wenn die betreffende Art zu den bedrohten gehört.»

Man wird nicht gleich zum Verfechter von Tierversuchen, wenn man sachlich feststellt, daß die seelische und körperliche Stabilität vieler Versuchstiere als Voraussetzung für brauchbare Meßdaten nicht nur die Beschäftigung hervorragend qualifizierter Tierpfleger erzwingt, sondern auch dazu führt, insbesondere Hunde und Affen zum Mitmachen in Form von widerstandsloser Medikamenteneinnahme und ruhiger Hinnahme von Anschnallvorgängen u. ä. zu dressieren.

Dr. G. Jochmann, Institut für Toxikologie, Fachbereich Versuchstierhaltung, der Firma Merck, Darmstadt, teilte mit, «... daß gemäß Urteil des Bundesverfassungsgerichts vom 20. 6. 78 (I BvL 14/77) entgegen der ursprünglichen Formulierung in § 8 Abs. 2, Satz 1 TierSchG *Biologen*, welche die erforderlichen Fachkenntnisse haben, nicht nur an staatlichen, sondern auch an privaten wissenschaftlichen Einrichtungen (so z. B. in den Laboratorien der pharmazeutischen Industrie) operative Eingriffe vornehmen dürfen. Begründet wurde diese Entscheidung durch die Tatsache, daß das Tierschutzgesetz die Berechtigung zum operativen Eingriff nicht auf die typischen Berufsbilder des Tierarztes, Arztes oder Biologen abstellt, sondern von den erforderlichen Fachkenntnissen ableitet. Trotz der unterschiedlichen Struktur in staatlichen und privaten Forschungsbereichen sei nicht einzusehen, daß der in der privaten Wirtschaft mit den gleichen Versuchen betraute Biologe vom Standpunkt der Tierschutzethik anders einzustufen sei als in staatlichen Institutionen.»

Dr. H. Schultze, Wiesbaden, aus der Sicht der staatlichen (hessischen) Genehmigungsbehörde:
«Die Institute, Firmen und Personen (die Tierversuche beabsichtigen) haben ... einen Antrag auf Genehmigung eines Versuchsvorhabens unter Verwendung eines Vordrucks in zweifacher Ausfertigung über den zuständigen Oberbürgermeister bzw. Landrat als Behörden der Landesverwaltung – Staatliches Veterinäramt – an den zuständigen Regierungspräsidenten zu richten. Dieser Antrag ist in allen Einzelheiten zu prüfen sowie mit einer Stellungnahme des Amtstierarztes zu versehen. Der Antragsteller hat in diesem Vordruck genaue Angaben über die Bezeichnung des Versuchsvorhabens, die Art der Versuche, die Ausführung der Versuche und die vorgesehenen Tierarten zu machen. In einer ausführlichen Begründung ist darzulegen, warum das Forschungsvorhaben nur durch den Tierversuch erreicht werden kann.
Für den Fall, daß für bestimmte Versuche mit operativen Eingriffen eine Sondergenehmigung beantragt wird, ist dies besonders ausführlich zu begründen und der Nachweis der besonderen Fachkenntnise der betreffenden Person einzutragen.
Dieser Musterantrag gibt dem Amtstierarzt Einblick in das gesamte Ver-

suchsvorhaben, und er hat vorzuprüfen, ob der Tierversuch in der dargestellten Form durchführbar ist oder die Versuchsanordnung zum Schutz der Tiere evtl. abgeändert werden muß. Außerdem kann nach Rücksprache mit dem Leiter oder dem Stellvertreter des Versuchsvorhabens entschieden werden, ob der Tierversuch notwendig ist oder auch durch einen Versuch mit schmerzfreier Materie ersetzt werden kann. Ein enger Kontakt des Amtstierarztes mit den fachbezogenen Wissenschaftlern und ein enormes Fachwissen gehören zu dieser Entscheidung.»

Gegen diesen Diskussionsbeitrag erhob sich Widerspruch. Man hielt die Genehmigungsbehörde für nicht qualifiziert, so weitgehende Entscheidungen zu treffen. Prof. Dr. Sontag vom Max-Planck-Institut für experimentelle Medizin, Göttingen, der den Widerspruch formulierte, in einer nachträglichen schriftlichen Mitteilung an mich:
«Die überaus unterschiedlichen wissenschaftlichen Fragen mit den dann noch jeweils anzupassenden Methoden sind selbst für den sein Leben lang an tierexperimentelle Forschung gewöhnten Wissenschaftler in ihrer Vielfalt nicht mehr erfaßbar und selbst auch nicht mehr nachvollziehbar. Es darf nämlich nicht verkannt werden, daß man nur dann zu einer fundierten Aussage berechtigt ist, wenn man das Problem und die Methode kennt und beherrscht, d. h., wissenschaftlich fundierte Aussagen haben nur dann Wert, wenn der Aussagende auch eine fundierte Methodenkritik darstellen kann. Daran mangelt es vielerorts. Ich nehme mich nicht aus. Ebenso wie ich den hessischen Amtstierarzt für überfordert halte, so halte ich mich auch für überfordert, wenn ich ein Gutachten für die einschlägigen Fachzeitschriften abgeben soll, das sich – obwohl aus dem engeren Bereich der Neurophysiologie – nicht mit meinem Arbeitsgebiet ‹Motorik› beschäftigt. Ich halte diese Selbstbescheidung für unverzichtbar.»

Dr. G. Meister, Bayer AG., zur Genehmigungspraxis aus der Sicht des Antragstellers:
«Nirgendwo sonst ist die Verantwortlichkeit des Versuchsanstellers so angesprochen wie hier, wo er seine Überzeugung zum Ausdruck bringen muß: Mein wissenschaftliches Ziel ist nur mit dem Tierversuch in der beschriebenen Form zu erreichen. Das Wort Albert Schweitzers ‹Wo ich irgendwelches Leben schädige, muß ich mir darüber klar sein, ob es notwendig ist. Über das Unvermeidliche darf ich in nichts hin-

Albert Schweitzer: «Diejenigen, die an Tieren Operationen oder Medikamente versuchen oder ihnen Krankheiten einimpfen, um mit den gewonnenen Resultaten Menschen Hilfe bringen zu können, dürfen sich nie allgemein dabei beruhigen, daß ihr grausames Tun einen wertvollen

Zweck verfolge. In jedem einzelnen Fall müssen sie erwogen haben, ob wirklich Notwendigkeit vorliegt, einem Tier diese Opfer für die Wissenschaft aufzuerlegen.»

ausgehen, auch nicht in scheinbar Unbedeutendem› erhellt diese Verantwortung. Der Spezialist muß einer mit allgemeinem Fachwissen ausgestatteten Behörde darstellen, daß er diese Überlegungen angestellt hat und aufgrund dieser Überlegungen gerade den Tierversuch für erforderlich hält. Die genehmigende Behörde muß anhand dieser Darstellung in der Lage sein, die Seriosität dieses beantragten Versuchsvorhabens zu beurteilen.

Anderenfalls werden weitere Informationen durch den Antragsteller notwendig sein; für ihre Beschlußfassung wird sich die Behörde der Hilfe von Gutachtern bedienen müssen; zeitliche Verzögerungen werden eintreten; häufig wird sich auch dann noch die genehmigende Behörde überfordert fühlen.
Eine vertrauensvolle Zusammenarbeit zwischen Wissenschaftler und kontrollierender Behörde ist so nicht erreichbar. Das Genehmigungsverfahren läuft Gefahr, zu einer Farce oder zu einer unvertretbaren Behinderung der Forschungen zu werden: Die Überprüfung erfolgt entweder nur höchst ungenau oder aus Mißverständnissen heraus erfolgt keine oder nur eine eingeschränkte Arbeitsgenehmigung.»

Der Leiter der Tierversuchsanlage der Medizinischen Einrichtungen der Universität Düsseldorf, *Dr. H. Bienik,* plädierte für eine starke Aufsichtsfunktion des Leiters der zentralen Tierversuchsanlage einer Universität gegenüber den wissenschaftlichen Nutzern der Tiere, also den Experimentatoren: «Die Aufsicht wird umrankt von zahlreichen menschlichen Einstellungen, die in der folgenden Skala verzeichnet sind:

vor Beginn des Versuchsvorhabens
  informieren
  Auskunft geben
  erklären
  beraten
  planen
  begutachten
  korrigieren

während des Versuchsvorhabens
  unterstützen
  helfen

lenken
mitwirken
koordinieren
beaufsichtigen
kontrollieren
korrigieren

bei Nichteinhalten des Tierschutzgesetzes
ermitteln
vermitteln
erinnern
ermahnen
warnen
verwarnen
beschweren
ausschließen
anzeigen.»

Ich fand es bemerkenswert, daß Bienik beim letzten Wort seiner Skala den spontanen Beifall des Auditoriums bekam.

Bienik zeigte noch eine Tabelle, die ich hier wiedergebe: «Unterschiede der Tierversuche/Tierversuchsvorhaben in Tierversuchseinrichtungen medizinischer Bildungsstätten zu solchen in der Industrie.»

Tierversuchsvorhaben	in medizinischen Bildungsstätten	in der Industrie
Zahl der Tierversuchsvorhaben	zahlreich	weniger zahlreich
Zahl der Arbeitsgruppen	zahlreich, wechselnd	weniger zahlreich, konstant bleibend
Zahl der Experimentatoren	größer	kleiner
Anzahl der verwendeten Tiere/Versuch	kleiner	größer
Gesamtzahl der verwendeten Tiere	kleiner	größer
Verhältnis akuter Versuch: chron. Versuch	mehr akute	mehr chronische
Art der angewandten Techniken	zahlreich	weniger zahlreich

Dr. Gerhard Schöll, Veterinäroberrat im Bayerischen Staatsministerium des Innern, machte eine ungewöhnliche Bemerkung:
«Lassen Sie mich ... aus einer Entschließung des Bayerischen Staatsministeriums des Innern vom 17. 4. 1951 (Nr. III 4 [8] – 5582 a 1) über Versuche an lebenden Tieren eine Passage vortragen, deren Inhalt nach wie vor Aktualität besitzt:
‹Die Notwendigkeit der Versuche an lebenden Tieren wird von der überwiegenden Mehrheit der Bevölkerung anerkannt. Ebenso wird mit Recht gefordert, daß unnötige Tierquälereien unterbleiben müssen und die Versuche an lebenden Tieren auf das unbedingt notwendige Maß beschränkt bleiben.

Hier kann es sich nur um eine Vermutung handeln, denn demoskopische Umfragen zu diesem Thema sind nicht bekannt. Eine gewisse Stütze findet diese Behauptung jedoch im Ausgang eines Volksentscheids, den die Schweiz auf Initiative von Genfer Tierversuchsgegnern im Dezember 1978 über das neue, Tierversuche nicht grundsätzlich verbietende Schweizer Tierschutzgesetz herbeiführte. 1337958 Bürger erklärten sich für, 299720 gegen das Gesetz. Die Abstimmungsniederlage der Tierversuchsgegner, die ein an sich gutes Gesetz scheitern lassen wollten, weil es eine extreme Forderung nicht erfüllte, fiel unerwartet deutlich aus.

Aus diesen Erwägungen heraus und um die Institute und Laboratorien, die sich mit der Durchführung von Versuchen an lebenden Tieren befassen, vor ungerechtfertigten Angriffen zu schützen, sieht sich das Bayer. Staatsministerium des Innern veranlaßt, Versuche an lebenden Tieren überwachen zu lassen.›»

Prof. Dr. K. Gärtner, Leiter des Zentralen Tierlaboratoriums der Medizinischen Hochschule Hannover, zur Frage der wissenschaftlichen Qualifikation von Tierexperimentatoren, wenn sie nicht zu den Ärzten, Tierärzten und Biologen gehören:
«Haben Chemiker, Physiker und Techniker und andere nicht biologisch ausgebildete Naturwissenschaftler weniger als drei Jahre unter tierexperimenteller Anleitung gearbeitet, dann können ausreichende Fachkenntnisse nicht unterstellt werden.
Sollte der mit der Durchführung von Tierversuchen beauftragte Akademiker zu den Berufsgruppen gehören, bei denen keine erforderlichen Fachkenntnisse unterstellt werden können, dann bedarf es einer individuellen kritischen Prüfung, ob eine Genehmigung mit Auflagen erteilt werden kann. Auch bei nichtoperativen Versuchen sollte die Genehmigung u. U. beschränkt werden auf die Ausführung weniger, exakt spezifizierter Versuchsabläufe und auf im Antrag zu benennende, wenige Tierarten.

Besser ist der Aufschub der Genehmigung, bis die erforderlichen Fachkenntnisse begrenzt unterstellt werden können.
Eine strenge Auslegung des Gesetzes ist angezeigt, da Mißstände heute häufiger als früher zu erwarten sind. Dafür gibt es folgende Ursache. Die Analyseverfahren in der experimentellen Medizin und Biologie sind in den letzten 30 Jahren immer aufwendiger und anspruchsvoller geworden (elektronenoptische Verfahren, Isotopenmeßmethoden, chromatographische Verfahren, immunologische Teste u. a. m.).
Um hier Schritt halten zu können, mußte sich der ursprünglich vornehmlich am Tier engagierte Forscher immer mehr in sein Labor zurückziehen und sich auch wissenschaftlich immer mehr dieser Methodik annehmen. Am Ende wurden solche Forschungen nicht selten meßtechnischen Spezialisten, wie Physikern, Chemikern oder Biochemikern übertragen.

Man übertreibt kaum, wenn man sagt, daß außerhalb der experimentell-medizinischen Grundlagenforschung der manuelle und apparative, nicht selten auch der operative Teil des Tierexperiments heute in die Hände von – meist hochqualifizierten – Labortechnikern gelegt ist. Ich beobachtete nicht selten eine ausgesprochene Scheu und auch Ungeschicklichkeit der verantwortlichen Akademiker im persönlichen Umgang mit dem Versuchstier. Sie beschränken sich meist auf Planung, Überwachung und Auswertung der Versuche. Schon insofern geht der von extremen Gegnern des Tierversuchs gegen diese Wissenschaftler erhobene Pauschalvorwurf der persönlichen sadistischen Lust am tierquälerischen Experiment ins Leere.

Durch diese Entwicklung ist für die sachverständige und erfahrene Durchführung von Eingriffen am Versuchstier selbst ein Vakuum entstanden, dessen sich viele kleine Forschungsbereiche gar nicht bewußt sind, das mancherorts von den Forschern tabuiert wird, was aber andererseits in großen und sehr kritisch tierexperimentell forschenden Institutionen durch entsprechende, z. B. versuchstierkundliche Spezialisten und qualifiziertes Fachpersonal aufgefüllt wurde. Für den Amtstierarzt gilt es, auf diese tierschutzkritische Lücke oder diese Tabus aufmerksam zu machen und auf Abhilfe zu drängen.»

Dr. Werner Wilk, Thomae GmbH, Biberach, Mitglied des Arbeitskreises «Tierpfleger» beim Bundesinstitut für Berufsbildung Berlin, über das derzeitige Berufsbild des Tierpflegers:
«Im Laufe der Jahre haben sich die Bedürfnisse und Anforderungen der beruflichen Praxis an das Berufsbild (des Tierpflegers) sowie die gesetzliche Regelung auf dem Gebiet der Berufsausbildung geändert. Aus diesem Grunde setzte die Senatskommission für Versuchstierforschung der

Deutschen Forschungsgemeinschaft (DFG) einen Ausschuß zur Bearbeitung der damit im Zusammenhang stehenden Probleme ein.

Durch Erlaß vom 28. Juli 1967 war das Berufsbild «Tierpfleger» vom Bundeswirtschaftsministerium für die Bundesrepublik staatlich anerkannt worden.

Die in den Jahren 1976/77 ausgearbeiteten Vorschläge wurden im Jahre 1977 den zuständigen Ministerien überreicht. Am 8. November 1977 konstituierte sich dann beim Bundesinstitut für Berufsbildung (BIBB) in Berlin ein paritätisch besetzter Arbeitskreis «Tierpfleger», dem Vertreter aus den Bereichen Haustier-, Versuchstier- und Zootierpflege bzw. aus Berufsschulen, Tierschutzvereinen, chemisch-pharmazeutischen Betrieben, Universitätsinstituten bzw. -kliniken und zoologischen Gärten angehören.
Dank dem Bemühen aller Beteiligten gelang es in der letzten Woche, den Entwurf einer Verordnung über die Berufsausbildung zum Tierpfleger und eines zugehörigen Ausbildungsrahmenplanes abzuschließen. Dieser Entwurf sieht im Vergleich zum Berufsbild aus dem Jahre 1967 nur noch zwei Fachrichtungen vor, nämlich Haus- und Versuchstierpflege bzw. Zootierpflege.
Die Ausbildung erfolgt im dualen System, wobei Fachklassen an Schwerpunktberufsschulen (z. B. Landesfachklassen) und u. U. eine ergänzende Ausbildung in Betrieben außerhalb der eigentlichen Ausbildungsstätte empfehlenswert sind. Weitere Einzelheiten können nicht mitgeteilt werden, da der Entwurf noch nicht in den Entscheidungsgremien behandelt worden ist. Wir hoffen jedoch, daß das neue Berufsbild in Kürze auf dem Verordnungswege vom Bundesminister für Wirtschaft verabschiedet werden kann.

Nach den ‹Grundinformationen über zentrale Tierversuchsanlagen an medizinischen Forschungs- und Ausbildungsstätten› der Senatskommission für Versuchstierforschung der Deutschen Forschungsgemeinschaft von 1976 sollten wenigstens 80 % des pflegerischen Personals eine geordnete Tierpflegerausbildung absolviert haben und sich durch regelmäßige Fortbildungsveranstaltungen weiter spezialisieren können. Ungelernten darf eine Pflege von Versuchstieren nicht überlassen werden.»

Wilk weiter:
«An dieser Stelle möchte ich noch ein Wort an diejenigen unter den Tierfreunden in unserem Land richten, die nicht verstehen können, daß Tierpfleger bereit sind, den Experimentatoren bei ihrer Arbeit zu helfen. Im Gegensatz zu diesen Bürgern haben die Versuchstierpfleger erkannt, daß

ihr Platz gerade dort ist, wo Tierpflege besonders not tut. Dafür sollte ihnen die Anerkennung nicht versagt werden!»

Zum gleichen Thema *Prof. Dr. W. Hardegg,* Institut für Versuchstierkunde der Universität Heidelberg:
«Einen entscheidenden Faktor für die Haltung von Versuchstieren stellt der das Versuchstier pflegende und betreuende Mensch selber dar. Es ist derzeit nur schwer möglich, die Güte der Pflege mit naturwissenschaftlichen Methoden eindeutig zu messen. Alle gebräuchlichen Versuchstierarten, dies gilt besonders für Primaten, Hunde und Katzen, gewöhnen sich sehr rasch an die Eigenarten und den Arbeitsrhythmus des Tierpflegers. Ihre Reaktionen sind häufig personenspezifisch. Durch Wechsel des betreuenden Menschen können Beeinträchtigungen des Verhaltens und sogar der Anfälligkeit für Infektionen auftreten.
Bei Einzelhaltung von Versuchstieren, auch auf engstem Raum, ist der Sicht- und Geruchskontakt, vor allem aber der taktile Kontakt wenigstens zum Tierpfleger, besser zum Artgenossen, für das Wohlbefinden entscheidend. Sind diese Kontakte nicht ausreichend gegeben, dann erleiden die Tiere einen Isolationsstress.»

Das Tierschutzgesetz verlangt eine «verhaltensgerechte Unterbringung» der Tiere. Alle Bemühungen der Versuchstierhalter in Richtung auf diese Forderung können nicht darüber hinwegtäuschen, daß sie unter Laborbedingungen unerfüllbar ist. Eine Novellierung des Tierschutzgesetzes sollte hier zu mehr Ehrlichkeit finden. Das Wort «verhaltensgerecht», das aus der Ethologie stammt, weckt in der Öffentlichkeit Erwartungen, die an das Verhalten freilebender oder in Privathand befindlicher Tiere anknüpfen. Es werden so Konflikte provoziert, die sich mildern ließen, gäbe der Gesetzgeber der Tatsache verbalen Ausdruck, daß die weitaus meisten Labortiere (Ratten und Mäuse) durch eine mehrhundertfache Generationenfolge an Laborbedingungen genetisch weitgehend angepaßt sind und längst nicht mehr die Bedürfnisse ihrer wilden Stammformen haben.

Prof. Dr. Willi Heine, Hannover, vergleicht die Haltungsbedingungen der Versuchstiere in der Industrie mit denen in staatlichen Institutionen:
«Moderne Versuchstieranlagen zur Aufzucht und Vorratshaltung sowie zur Haltung im Experiment verlangen wegen des hohen Anteiles an technisch aufwendigen Einrichtungen recht bedeutende Investitionen. Ihre Unterhaltung und ihr Betrieb sowie ihre Ausstattung mit qualifiziertem Fachpersonal verlangen darüber hinaus erhebliche laufende Kosten. Die

Bau- und Betriebskosten können mit denen moderner Krankenanstalten verglichen werden.
Die Industrie hat bereits in der ersten Hälfte der 60er Jahre mit der Errichtung moderner Versuchstiereinrichtungen und Tierversuchsanlagen begonnen, trotz der damit verbundenen Kosten. Heute haben wohl alle namhaften Unternehmen der Pharmaforschung entsprechende Anlagen und das notwendige wissenschaftliche und technische Fachpersonal zur tierartgerechten Betreuung der gehaltenen Versuchstierarten. Selbst die aufwendige Zucht von gesunden für ihre Aufgabe konditionierten Hunden und Katzen, gelegentlich auch von kleinen Affenarten, wird erfolgreich betrieben.
Anders ist die Situation in den durch die öffentlichen Geldgeber unterhaltenen Lehr- und Forschungsstätten. Dort können noch bedrückende Zustände angetroffen werden. Es fehlt vielerorts leider noch immer an Räumlichkeiten sowie an ausreichendem wissenschaftlichem und technischem Fachpersonal, um gute Versuchstiere entsprechend den Erkenntnissen der Versuchstierkunde und damit auch tierschutzgerecht unterbringen und betreuen zu können.
Das mag daher rühren, daß die mancherorts für die Verteilung öffentlicher Mittel zuständigen Instanzen es als wenig populär, als wenig politisch attraktiv oder gar als verwerflich ansehen, für Versuchstiere und Tierversuche Geld bereitzustellen. Man übersieht dabei nur, daß durch fehlende Mittel billige, ungenügend konditionierte und unter mangelhaften technischen und personellen Voraussetzungen gehaltene Versuchstiere in Anzahlen verwendet werden müssen, die eigentlich nicht notwendig wären.»

Dr. W. Wilk im Hause Dr. Karl Thomae GmbH, Biberach, war federführender Gutachter einer Kommission, die im Auftrag der Bundesregierung 1976 die derzeitige Unverzichtbarkeit auf Tierversuche feststellte. Wilk in Oberschleißheim:
«Seit Inkrafttreten des Tierschutzgesetzes hat es nicht an Versuchen gefehlt, dem Tierversuch generell seine Berechtigung abzusprechen. Die Motive dazu sind sehr unterschiedlicher Natur. Einige Bürger sind bereit, auf weitere Fortschritte im medizinischen Bereich zu verzichten, wenn damit der Schutz der Tiere verbessert werden kann. Andere wiederum halten unseren derzeitigen Arzneimittelschatz und die Erkenntnisse im experimentellen Bereich für ausreichend, wenn nicht gar für überreich und sehen weitere Fortschritte außerhalb der Wege der Schulmedizin.

Zur verbalen Verzichtbereitschaft einiger Tierversuchsgegner schrieb mir Prof. Dr. Sontag, Göttinngen: «In der emotionell betonten Debatte wird immer wieder übersehen, daß der Humanmediziner zur Erhaltung des Lebens, zur Linderung des Leidens und zur Therapie verpflichtet ist. Daraus ergibt sich zwangsläufig, daß auch dem engagierten Tierversuchsgegner einfach nicht die Hilfe im Krankheitsfall versagt werden darf. Wollen also Tierversuchsgegner ernstlich Hilfe ablehnen, die zweifelsfrei nur über tierexperimentelle Forschung denkbar und machbar wurde, und (oder) wollen sie konsequenterweise den Arzt zur gesetzwidrigen und unserer Ethik zuwiderlaufenden Handlung zwingen? Was geschähe eigentlich, wenn man Menschen daran hindert, ein Sprungtuch von einem brennenden, mit Menschen besetzten Haus auszuspannen?»– Was Sontag sagen will: Der Protest bleibt für den Protestierer persönlich risikofrei.

Ihre Forderung nach Verbot der Tierversuche ist daher nicht primär. Eine dritte Gruppe zweifelt, daß die angestrebten Ziele auf dem Wege über Tierversuche erreichbar seien. Sie verweist auf Arzneimittelschäden, als Ausdruck der Annahme, daß die Ergebnisse aus den Tierversuchen auf den Menschen nicht übertragbar seien und sie fordert ausschließlich Versuche am Menschen. Unzureichende Informationen haben darüber hinaus bei einem Teil engagierter Tierfreunde den Eindruck erweckt, als sei die Wissenschaft heute bereits in der Lage, die noch offenen Fragen durch Computersimulation zu lösen oder zumindest die notwendigen Experimente an nicht schmerzfähiger Materie durchzuführen.»

Wilk setzte sich dann mit der neueren Anti-Tierversuch-Literatur auseinander: «Kurz erwähnen möchte ich noch diejenigen in unserem Lande, die die nicht informierten Mitbürger mit einer Sammlung von Berichten über unsagbare Greueltaten aus den Laboratorien der Welt überschütten und sie zu emotionalen Handlungen auffordern und dabei ein Bild des experimentell tätigen Wissenschaftlers zeichnen, das ihn in das gesellschaftliche Abseits stellt.
Ich habe in den letzten Wochen mit großer Aufmerksamkeit die im deutschsprachigen Raum erschienenen einschlägigen Publikationen gelesen. Nur wenige Autoren haben überhaupt ein Literaturstudium betrieben. Die meisten zitieren lückenhaft oder geben wegen mangelnden Sachverstandes eine irreführende Beschreibung. Darüber hinaus stammt die überwiegende Zahl der Beschreibungen aus Ländern, in denen uns eine direkte Nachprüfung vor Ort unmöglich ist. Soweit tatsächlich im Wirkungsbereich des deutschen Tierschutzgesetzes eindeutige Verstöße vorgekommen sein sollten, werden die zuständigen Behörden sicherlich Nachforschungen anstellen und notfalls Anzeige erstatten.
Der Schlußfolgerung, daß durch diese Berichte nunmehr die Forderung nach Verbot aller Tierversuche schlüssig sei, kann man sich jedoch nicht anschließen.»

Prof. Dr. Anton Mayr, Vorstand des Instituts für Medizinische Mikrobiologie, Infektions- und Seuchenmedizin im Fachbereich Tiermedizin der Universität München, zeichnete für sein Arbeitsgebiet ein hoffnungsvolles Bild der möglichen und denkbaren Alternativen zum Tierversuch:
«Die großen und verheerenden Seuchen bei Mensch und Tier sind ausgerottet oder unter Kontrolle gebracht. Seuchen wie Pest, Fleckfieber, Typhus, Cholera und Piroplasmosen usw. wurden durch Umwelthygiene in Verbindung mit Änderung des Klimas, des Bodens und der soziologischen Gegebenheiten in den Populationen gebannt. Pocken, Poliomyelitis, Gelbfieber, Diphtherie, Influenza, Masern, Maul- und Klauenseuche, Rinder-, Pferde-, Schweine- und Geflügelpest, Geflügel- und Schafpocken, Staupe usw. kamen durch immunprophylaktische Maßnahmen unter Kontrolle, und viele bakterielle Seuchen, beim Mensch z. B. Tuberkulose, Scharlach, Keuchhusten, Paratyphus, Ruhr, beim Tier z. B. Rotlauf, Brucellose und Leptospirose und andere mehr, wurden chemotherapeutisch, teilweise auch in Verbindung mit Schutzimpfungen und einem leistungsstarken Sanitäts- und Veterinärdienst, bezwungen.
Zu diesen großen Erfolgen in der Bekämpfung von Seuchen bei Mensch und Tier haben Tierversuche maßgebend beigetragen.

Es ist an dieser Stelle darauf hinzuweisen, daß Albert Schweitzer, der immer wieder fälschlich als Kronzeuge gegen das Tierexperiment in Anspruch genommen wird, kein absoluter Gegner des Tierversuchs war. Seine Arbeit als Tropenarzt wäre ohne Medikamente, die am Tier erforscht und geprüft wurden, nicht denkbar gewesen. Schweitzer wußte das. Er verlangte nur äußerste Einschränkung in der Zufügung von Leid und eine neue Achtung für die Tiere, erwachsen aus unserem Dank an sie.

Gleichzeitig wurden sie aber Schritt um Schritt parallel dem wissenschaftlichen Fortschritt durch Alternativmethoden ersetzt, die sich relativ rasch nicht nur als besser, sondern auch als wesentlich effektiver erwiesen.
Sie bewährten sich und haben den Tierversuch heute in vielen Bereichen der Infektiologie entbehrlich gemacht. Dies betrifft mit wenigen Ausnahmen 1. die Züchtung und Kultivierung der Erreger, 2. die Diagnose von Infektionskrankheiten, 3. die Produktion von Chemotherapeutika und Antibiotika und 4. die Herstellung von Impfstoffen.
Der große Durchbruch liegt zweifelsohne aber bei der Herstellung von Impfstoffen. Hierfür wurden die meisten Versuchstiere eingesetzt. Heute gibt es kaum noch einen Impfstoff, der über das Tier hergestellt wird. Und für die wenigen, noch über Versuchstiere produzierten Impfstoffe sind bereits Alternativmethoden in der Entwicklung.
Nicht vollständig verzichten können wir derzeit leider auf Versuchstiere

bzw. Tierversuche 1. bei der Wirksamkeits- und Unschädlichkeitsprüfung von Chemotherapeutika, Sera und Impfstoffen, 2. bei der Herstellung von Immunseren bzw. von Gammaglobulinen und in der Pathogenese- und Immunforschung.»

Prof. Dr. H. Hörnicke, Zoophysiologe der Universität Hohenheim, sieht im Experiment am lebenden Tier für sein Fachgebiet eine zentrale Bedeutung: «Tierversuche im Bereich der Physiologie sind unerläßlich, solange es einen Fortschritt auf diesem Gebiet geben soll.» Er machte dennoch eine Reihe von Vorschlägen, wie sich Versuchstierzahlen verringern und Tierleid vermindern ließen. Hier zwei, die mir besonders wichtig bzw. relevant für Tierschutzpolemiken zu sein scheinen:
«Verwendung von Schlachthofmaterial erscheint uns als eine der wichtigsten Möglichkeiten, Experimente an Versuchstieren zu vermeiden. Für viele Untersuchungen sind Organe, z. B. von Schweinen und Schafen, sicher ebensogut und in manchen Fällen besser geeignet wie etwa die von Hunden oder Kaninchen. Es entspricht lediglich der Tradition, Labortiere zu verwenden. Häufig könnte die Tötung von *Versuchs*tieren unterbleiben, wenn die benötigten Organe und Gewebe von *Schlacht*tieren entnommen würden, die ohnehin getötet werden.

> *Statistisch sind (nach Merkenschlager) Tiere, die nur zum Zweck der Gewebs- oder Organentnahme getötet werden, nicht eigentlich «Versuchstiere» und die Entnahme kein Experiment. Dennoch hat Hörnicke recht: Es wird gedankenlos für zu wenig zu viel getötet.*

Für weniger empfindliches Material wird dies schon seit langem praktiziert. Für die Verwendung von Geweben, die sehr rasch aufgearbeitet werden müssen, fehlt es aber auf den Schlachthöfen an geeigneten Laborräumen. Die Bereitstellung von Räumen in Schlachthäusern, in denen eine erste Präparation der Gewebe oder ein Aufstellen von Apparaturen möglich ist, würde diese Alternative wesentlich fördern. Die Initiative hierzu müßte von seiten der Wissenschaft kommen, denn bei den Schlachthöfen selber besteht kein primäres Interesse an solchen Einrichtungen.
Eine nicht unwesentliche Reduzierung der Tierzahlen könnte bei Verwendung wacher Versuchstiere mit chronisch implantierten Meßfühlern erreicht werden. Die technischen Voraussetzungen hierfür wurden in den letzten Jahrzehnten in Form miniaturisierter Meßwertaufnehmer und implantierbarer oder tragbarer Telemetrieanlagen geschaffen. Gerade solche Versuche sind geeignet, Messungen unter weitgehend natürlichen, schmerz- und stressfreien Umgebungsbedingungen zu machen.

Die Katze mit dem Elektrodensockel auf dem Kopf wurde, seit sie die Kampfschrift von H. und M. Stiller (Tierversuch und Tierexperimentator) als Titelbild emotionalisierte, zum Tierschutz-Symbol und Ausdruck für die Qual von Labortieren.

Jedes Tier kann dabei als seine eigene Kontrolle dienen. An einem Tier kann eine große Anzahl von Versuchen durchgeführt werden. Die Individualität des Versuchstiers kommt dabei deutlich zum Ausdruck und kann bei der Interpretation der Versuchsergebnisse berücksichtigt werden.»

Prof. Dr. H. Karg, Inhaber des Lehrstuhls für Physiologie der Fortpflanzung und Laktation, Technische Universität München, für sein Arbeitsgebiet Endokrinologie, der Lehre von der Funktion der Drüsen:
«Zur naiv-berechtigten Frage, ob man sich denn nicht generell mit dem heutigen Wissensstand begnügen kann, so daß nunmehr eine allgemeine «Abrüstung von Tierversuchen» gefordert werden könnte, eine klare Stellungnahme:
Es gibt derzeit nur wenige Hormontherapien, die bereits als definitives Optimum betrachtet werden können oder die nicht mehr oder weniger problematisch sind. Forschungen auf vielen Gebieten der Hormonwirkungen, z. B. beim Prostatakarzinom oder bei Mammatumoren, müssen weiter geführt werden.
Auch die Grundlagenforschung über die Existenz von Hormonsystemen ist noch lange nicht am Ende. Es sei nur an die Entdeckungen im letzten Jahrhundert erinnert, die unser Wissen wirklich revolutioniert haben, etwa auf dem Gebiet der Peptidhormone des Neuroendoktriniums oder des Gastrointestinaltrakts, die ja auch erhebliche klinische Relevanz haben.
Selbst die, was die endokrinologischen Erkenntnisse betrifft, ‹älteste› Drüse, der Hoden, hält noch neue Erkenntnisse bereit, z. B. die Information über die Stellung der Sertolizellen im endokrinen Regelkreis, worüber vielerorts heute gearbeitet wird. Ein Beispiel aus der inneren Medizin von höchster Aktualität und möglicher Relevanz ist die Entdeckung Schilddrüsen stimulierender Immunoglobuline. Die Beispiele ließen sich beliebig vermehren, sie zwingen zu der Aussage, daß in der Endokrinologie noch vieles in Fluß ist.
Dies zeigt auch eine Trendanalyse, für die wir die Jahrgänge 1965 und 1976 bzw. 1977 von international führenden Fachzeitschriften der experimentellen Endokrinologie ausgewertet haben. Die Aufstellung läßt zunehmende Bemühungen um in-vitro-Modelle (Inkubationen, Perfusionen und Zellkulturen) erkennen, dennoch werden Tierversuche mit operativen Eingriffen (Exstirpationen, Transplantationen und diverse Läsionen) in vergleichbarem Umfange durchgeführt, also wohl für qualifizierte Arbeiten auch für erforderlich gehalten.»

Bemerkenswert und der Beherzigung durch Redaktionen und Universitäten empfohlen sind Kargs Schlußsätze:
«Den Schriftleitungen und Gutachtern der wissenschaftlichen Publikationen sollte der Tierschutzgedanke noch besonders in Erinnerung gebracht werden; sie können bei Bewertung eines Manuskriptes auch die Notwendigkeit und Art des durchgeführten Tierversuches beurteilen und nichtverantwortungsbewußt durchgeführte Experimentalarbeiten ablehnen (was ja wohl auch überwiegend geschieht).
Die Kenntnis einer solchen Rückwirkung wird Tierexperimentatoren von vornherein umstimmen; gleichzeitig ist der häufig in der Öffentlichkeit erhobene Vorwurf zu entkräften, daß Tierversuche zum Teil nur vorgenommen würden, damit Doktorarbeiten oder Habilitationsschriften produziert werden. Beispiele für eindeutige Richtlinien gibt es bereits in der wissenschaftlichen Literatur, so wird vom *British Journal of Pharmacology* keine Arbeit angenommen, in der über curarisierte Ratten berichtet wird.»

Prof. Dr. H. Überberg aus dem Hause Karl Thomae GmbH, Biberach, zur umstrittenen Frage der Übertragbarkeit von tierexperimentell gefundenen Ergebnissen auf den Menschen:
«Die Kritiker der Tierversuche werfen immer wieder die Frage in die Diskussion, ob der Tierversuch als Forschungsmethode im Hinblick auf den Menschen das an Erkenntnissen zu liefern vermag, was ihm immer zugeschrieben wird. Es ist also die Übertragbarkeit von Ergebnissen aus Tierversuchen auf den Menschen angesprochen. Dieses Problem wird anhand von Beispielen negativ ausgelegt: Atropin, ein Extrakt der Tollkirsche, ist in einer gewissen Dosis für den Menschen tödlich, während es für Kaninchen unschädlich ist. Hierbei wird allerdings verschwiegen, daß das Atropin bei richtiger Dosierung einen sehr wertvollen Arzneistoff darstellt. Baldrian-Tinkturen, die beim Menschen beruhigend und einschläfernd wirken, lösen bei der Katze Erregungszustände aus. Es ließen sich weitere Beispiele anschließen.
Welche Schlußfolgerungen werden daraus gezogen? Die Antwort: Ein Tierversuch ergibt nur, daß ein Präparat für die Spezies, an der es erprobt wurde, harmlos ist; er bewirkt nicht, daß es auch für den Menschen unschädlich ist; und umgekehrt. Und wenn man hinzufügt, daß es von dieser Regel keine Ausnahme gebe, so dürfte das nicht richtig sein; denn so wie es negative Beispiele gibt, lassen sich auch positive anführen: Die Bedeutung und segensreiche Wirkung bei Erkrankungen des Menschen, beispielsweise des Insulins oder von Mitteln gegen Infektionskrankheiten einschließlich Tuberkulose, beispielsweise Sulfonamide, Antibiotika und Neoteben, sind auf Grund von Tierversuchen erkannt worden. Auch hier ließen sich weitere Beispiele anschließen.»

Der Pharmakologe *Dr. R. Kadatz,* ebenfalls aus dem Hause Thomae, widerlegte eindrucksvoll den oft gehörten Vorwurf, die Wissenschaft mache von Experimenten an schmerzfreier Materie selbst dort nicht Gebrauch, wo die Methoden vorhanden und brauchbar seien:
«Ich habe einmal die 249 Referate der Frühjahrstagung (1977) der Deutschen Pharmakologischen Gesellschaft nach den verwendeten Versuchstieren und Methoden aufgeschlüsselt.

	In vivo (lebend)	Isol. Organ	Gewebe Zellen Mikrosomen	Zellkultur	Bakterien	Chromatographie physik. Meth.	
Ratte	46	32	23				101
Meerschw.	6	23	5				34
Mensch	18		14			2	34
Kaninchen	9	8	4				21
Hund	14		3				17
ohne Angabe	1	1	9	2	1	2	16
Katze	5	1					6
Maus	5		1				6
Rind		1	5				6
Schwein		2					2
Hamster	1	1					2
Affe	1						1
Huhn	1						1
Frosch		1					1
Schaf			1				1
	107	70	65	2	1	4	249

Diese Vorträge repräsentieren vorwiegend die Forschungsvorhaben der Universitätsinstitute. Sie sehen, daß mehr als die Hälfte der Arbeiten nicht am wachen oder narkotisierten intakten Tier, sondern mit isolierten überlebenden Organen, Zellen oder subzellulären Strukturen durchgeführt wurden. Sehr klein ist die Zahl der Untersuchungen, die an Zellkulturen oder mittels physikalischer oder chemischer Techniken durchgeführt werden konnten.
Am häufigsten wurden Ratten verwendet, es folgen Meerschweinchen und Untersuchungen am Menschen. Relativ gering der Verbrauch von Hunden und Katzen, und nur eine Arbeit an Affen, bei der übrigens die experimentellen Untersuchungen in den USA gemacht worden sind. Ich denke, diese Zahlen erhellen etwa die Situation, von der wir auszugehen haben, und sie zeigen darüber hinaus, daß – eine freie Wahl des Arbeitsgebietes und der Methoden vorausgesetzt – sinnvolle Forschungsarbeit oft auch ohne Großtier- oder Ganztierversuche möglich ist und daß solche einfachen Methoden auch verwendet werden, wo immer sie das gestellte Problem zu lösen erlauben.»

Kadatz wies noch auf einen Mißstand hin, der in den Bereich der Gesetzgebung gehört:
«Viele Tierversuche zur Erfüllung von Forderungen der Patentämter könnten in der Pharmakologie vermieden werden durch eine Änderung des Patentrechtes. Patente sind für die Arzneimittelforschung betreibenden Firmen unumgänglich, um den hohen finanziellen Einsatz und das Risiko der Entwicklung zu decken. Und Patente müssen bereits in dem frühen Stadium der tierexperimentellen Voruntersuchung eines potentiellen Arzneimittels beantragt und erteilt werden, d. h. auf der Basis der Daten und Fakten von Tierversuchen. Nach richterlicher Entscheidung gehören zu einem Patentantrag auch Daten über akute Toxizitäten, so viel oder wenig diese auch immer für den therapeutischen Wert eines Arzneimittels bedeuten mögen.

Hier wird ein lohnendes Tätigkeitsgebiet für engagierte Initiativen gegen Tierversuche sichtbar: statt sinnlos die Experimentatoren als Sadisten zu diffamieren, auf Politiker und Abgeordnete einzuwirken, alle einschlägigen Gesetze (Arzneimittelrecht, Lebensmittelrecht, Abwasserabgabengesetz, Patentrecht) auf die Möglichkeit einer Senkung von Versuchstierzahlen hin zu überprüfen.

Ferner werden vom Prüfer beim Patentamt Vergleichssubstanzen benannt, für die Daten über Wirkungsstärke und Toxizität beizubringen sind. Schlimmer noch: bei Auslandsanmeldungen werden oft von den Prüfern der ausländischen Patentämter andere Vergleichssubstanzen vorgegeben, für die ebenfalls solche Daten bzw. Untersuchungen gefordert werden.»

Aus dem Schlußwort der Oberschleißheimer DVG-Tagung, gesprochen von Ministerialrat *Dr. Schultze-Petzold*, Leiter des Referats Tierschutz im Bonner Landwirtschaftsministerium (Schultze-Petzold gilt als «der Vater des Tierschutzgesetzes»):
«Bei der öffentlichen Behandlung des Themas ‹Tierschutz/Tierversuche› erleben wir seit geraumer Zeit und mit einigem Erstaunen, mit welcher Brüskheit persönliche Auffassungen, oftmals unter Berufung auf die eigene intakte Moral ... zu einem allgemeingültigen Maßstab erhoben werden sollen, dem sich jeder andere Bürger eigentlich zu unterwerfen habe. Gegen diese Form der anmaßenden Intoleranz und Ignoranz muß nicht nur im Interesse eines redlich verstandenen Tierschutzes, sondern auch aus der liberalen Grundhaltung heraus, die ein unverzichtbarer Bestandteil der menschlichen Würde ist, Position bezogen werden. Hinzu kommt, daß das hier maßgeblich zugrundeliegende Nichtwissen und Nichtverstehen der wirklichen Zusammenhänge in dieser sehr komplexen Materie in der breiten Öffentlichkeit ein idealer Nährboden für das Übernehmen derartiger Darstellungen ist. Die steil angestiegene Zahl der Bürgeranfragen zu diesem Thema zeigt dies deutlich an.
Tierschutz und Tierversuch haben gemeinsam, daß sie ohne Bemühen der Vernunft Fehler begehen können. Ich meine, sie sollten im Hinblick auf die großen Ziele, Wissen zum Wohle von Menschen und Tieren zu gewinnen und die Natur mit Verständnis zu erhalten, ihre Ideen und Kräfte zusammenbinden.
Als nächster Schritt sollte das aus Nichtwissen und gegenseitigem Nichtverstehen seit längerem entstandene Spannungsfeld mehr und mehr abgebaut und Verständnis füreinander entwickelt werden. Bei voller Anerkennung des Rechts der Öffentlichkeit auf Information auch über diese komplexe Materie und der in unserer technischen Zeit besonders wichtigen Verpflichtung der Wissenschaft zur allgemein verständlichen Unterrichtung des Bürgers muß ebenso deutlich gesagt werden, daß das Thema ‹Tierschutz/Tierversuche› sich nicht als Reißer für Wochenzeitschriften oder persönlich bezogene Darstellungen eignet.»

Ähnlich jüngst der Basler Tierschutzpräsident und Verhaltensforscher Prof. Dr. R. Schenkel, Mitglied der staatlichen Schweizer Kommission für Tierversuche: «Tierschützer, die behaupten, Medikamente ließen sich mittels Gewebekulturen und Computern prüfen und das Festhalten an Tierversuchen sei reiner Sadismus, verbreiten nicht nur eine absurde Lüge, sondern sie arbeiten gegen die Solidarität, ohne die wir das Grauenvolle nie mehr werden eindämmen können.»

3
Kosmetika und Tierversuche

«Schönheit in Zahlen» war eine Wirtschaftsmeldung überschrieben, die 1978 durch die Presse ging: Über vier Milliarden Mark würden die Bundesbürger 1978 für Kosmetik und Körperpflege ausgeben. Das seien 250 Millionen mehr als 1977 und dreimal soviel wie 1960. Damals habe der Pro-Kopf-Verbrauch bei 40 Mark, 1969 bei 62 Mark, 1977 bei 110 Mark und 1978 zwischen 150 und 200 Mark gelegen – das Dreifache wie vor acht Jahren.
Ich kann diese Zahlen nicht im einzelnen nachprüfen. Die Angaben für 1978 sind aber nahezu deckungsgleich mit denen für die Schweiz, die ich am Anfang des dritten Filmteils nannte, und diese Zahlen sind seriös.
Sicher ist, daß dieser Markt trotz enormer Steigerungsraten während der letzten Jahre noch immer nicht ausgereizt ist. Die Kosmetik-Industrie nimmt das wörtlich: Immer neue, erotisch gewagtere Werbeeinfälle überfluten werbend die Massenblätter und die Fernsehschirme. Die neue, umsatzträchtige Zielgruppe ist der körperbewußte amouröse Mann («... cool auch dann, wenn es heiß wird ...»). Spätestens seit meinen Filmen weiß ein Millionenpublikum, daß viele kosmetische Wirkstoffe nicht nur von Tieren gewonnen, sondern auch toxikologisch, das heißt oft mit schmerzhaftem und tödlichem Verlauf, an Tieren geprüft werden.
Ich zitiere hier aus einem Brief der Kosmetik-Herstellerin und Fachbuchautorin Erika Löbner-Felski, Staudach, vom 12. Novemberg 78 an den «Internationalen Bund der Tierversuchsgegner», Wien. Frau Löbner-Felski wurde nach meinen Filmen von ihren Kundinnen und Leserinnen – ungerecht offenbar – attackiert, und so ist es ein ausgleichender Akt der Gerechtigkeit, wenn ich sie etwas ausführlicher zu Wort kommen lasse:
«Das Grundübel bei allen emotionellen Schreiben, die mich erreichen, ist die Unkenntnis. Die schreckerregenden Berichte des Herrn Stern haben die Gemüter der Tierschützer tief erregt. So auch das meine.
Allerdings habe ich schon vor Jahren darauf hingewiesen, wie unnütz kosmetische Grund- und Wirkstoffe von toten Tieren für unsere Pflegecremes sind.
Die Damen, die heute – etwas verspätet, so meine ich – auf die Barrikaden gehen, hätten bereits vor Jahrzehnten bedenken müssen, daß ihr kostbares Schildkrötenöl (gegen Falten ziemlich sinnlos) den Bestand dieser schönen Tiere rigoros verringerte, und daß für jede ‹gute› Creme,

die sie benutzten, das Walsterben in den Meeren sozusagen seine Berechtigungsbescheinigung erhielt. Mancher Lippenstift war und wird angereichert mit dem Farbstoff der zerquetschten Schildlaus, und das heute so hochgelobte Collagen stammt aus der Haut junger Tiere.
Wo blieb denn so lange das Protestgeschrei der Tierfreundinnen? Ich habe, das kann ich mit Recht behaupten, auf einsamem Posten in meiner Berufsbranche gestanden und mußte riskieren, von meinen Fachkollegen auch noch ausgelacht zu werden.
Heute nun, geschockt von herzzerreißenden Bildern, ist in weiten Kreisen der Tierschützer der Ruf nach Kosmetika groß, die nicht im Tierversuch getestet wurden. Wo aber gibt es die?
Gewiß, in meinem kleinen Betrieb habe ich nie daran gedacht, Tiere mit meinen Versuchen zu quälen. Ich habe nicht einmal – wie es üblich ist – eine jährliche Kontrolle unternommen, um in irgendeinem Institut meine Produkte testen zu lassen, doch bin ich mir durchaus darüber im klaren, daß die kosmetischen Grundstofflieferanten ganz anderen Regeln und Vorschriften unterworfen sind.
Ein Cremehersteller nämlich – und das wissen eben die Damen nicht – bezieht seine Grund- und Wirkstoffe nicht aus dem eigenen Garten oder von der eigenen Ölpresse, sondern von Großfirmen aus seinem Branchenbereich. Diese Großfirmen wiederum haben ihre Aufkäufer im Ausland und sammeln dort Öle, Wachse, Schafwollfett. Die Pelzindustrie preßt das Öl aus den toten Nerzen, Tierfänger liefern Klauenöle, um daraus auch noch Kapital zu schlagen, und das kostbare Sojaöl wird sogar an einer Weltbörse gehandelt.
Kurzum: Ein Kosmetika-Fabrikant bezieht seine Grundstoffe fix und fertig. Und wenn auch *er* seine Finger von Tierversuchen fernhält, so tun es die Grundstoffhersteller noch lange nicht, denn der Staat hat ihretwegen strenge Gesetze und Vorschriften erlassen. Gibt es nämlich Schäden am Endverbraucher, so macht man letzen Endes nicht die Kosmetika-Firmen haftbar, sondern den Lieferanten der Grundstoffe. Heute würde, so sagte man mir auf Befragen, keine Herstellerfirma von kosmetischen Grund- und Wirkstoffen es wagen, auch nur *einen* Stoff ohne laufende Tierversuche zu verkaufen.
Würde man nun die Konsequenzen ziehen, so dürfte fortan keine Tierfreundin mehr medizinische Seife benutzen oder gar den Friseur aufsuchen. Sonnenschutzmittel, Badezusätze, Körpersprays, Lotionen, Gesichtswässer und alle Pflegemittel ähnlicher Art dürften weder auf einen Babypopo noch auf die Haut eines Erwachsenen gestrichen werden. Von den Intim- und Aknepflegemitteln ganz zu schweigen.
Weil ich nun meinen Beruf sehr ernst nehme, und weil ich nun einfach nicht die pflegende Kosmetik als ‹Kram› bezeichnen kann, wie sich neulich eine Dame auszudrücken beliebte, will ich weder aus meiner kosmeti-

schen Überzeugung noch aus meiner Tierliebe heraus Gewinn schlagen. Nein, ich möchte einfach die Dinge sagen wie sie sind.
Wären die naiven Wünsche der Frauen, die von einer Verjüngung über Nacht träumen, nicht so groß, würden sich auch die Qualen der Tiere verringern lassen, die im Dienste der Schönheit leiden müssen.»

§ 24 des Gesetzes zur Gesamtreform des Lebensmittelrechts vom 15. August 1974 (BGesBl I S. 1945):
«Es ist verboten
1. *kosmetische Mittel für andere derart herzustellen oder zu behandeln, daß sie bei bestimmungsgemäßem oder vorauszusehendem Gebrauch geeignet sind, die Gesundheit zu schädigen;*
2. *Stoffe, die bei bestimmungsgemäßem oder vorauszusehendem Gebrauch geeignet sind, die Gesundheit zu schädigen, als kosmetische Mittel in den Verkehr zu bringen.»*

Ein «vorauszusehender Gebrauch» ist etwa das Trinken von sorglos verwahrtem Nagellack durch Kleinkinder, weshalb an Versuchstieren, die man gesetzestreu und daher genehmigungsfrei mit Nagellack zwangsfüttern darf, die Dosis ermittelt werden könnte, an der ein solches Kind gesetzwidrigen Schaden nimmt. Auch die beste Therapie für das Kind kann so gefunden werden.
Das Gesetz unterzeichneten (ich bin sicher: ohne Kenntnis seiner grausamen Implikationen): Dr. Helmut Kohl als damaliger Bundesratspräsident für den Bundespräsidenten, der damalige Bundesinnenminister Maihofer für den Bundeskanzler, die damalige Gesundheitsministerin Katharina Focke, der damalige Bundeswirtschaftsminister Friderichs und der für den Tierschutz zuständige Landwirtschaftsminister Josef Ertl – mit einem Wort: Wir unterschrieben alle, gleich welcher Parteizugehörigkeit.

Es ist nicht nur das Gesetz, es ist das nahezu hysterische Sicherheitsbedürfnis unserer Gesellschaft auch bei Kosmetika, das die schrecklichsten Tierversuche für ihren Jugend- und Liebeswahn erzwingt. Ein Indiz dafür ist die Härte, mit der Thomas von Randow in der Hamburger *Zeit* vom 9. Mai 1978 mit dem Kosmetikhersteller Max Factor umging. Die Firma hatte eine Creme nicht vom Markt genommen, deren Wirkstoff NDELA bei Fütterungsversuchen mit Ratten Leberkrebs verursacht hatte. In der Tat gilt der Analogieschluß von Ratten, die durch Fressen eines Cremewirkstoffes Leberkrebs bekommen, auf eine Frau, die sich diese Creme auf die Haut schmiert, auch unter Toxikologen als einigermaßen kühn. Aber sicher ist sicher. Und also schrieb die *Zeit*: «Unbeliebt bei den Kosmetikfabrikanten würde der Staat sich machen, wenn er sich dazu entschlösse, diese Industrie ebenso strenge zu überwachen wie die Arzneimittelhersteller. Just das aber könnte geschehen, wenn die Industrie potentielle Krebsgefahren weiterhin auf die leichte Schulter nimmt.»

Es wird geschehen. Unter neuen Tieropfern.

Mit FRAME (s. Seite 169) möchte ich die nur allzu berechtigte Frage stellen, ob es nicht an der Zeit sei für die Gesetzgeber, hier das grundgesetzliche Postulat der Forschungsfreiheit auf die lange Liste der als unbedenklich gefundenen chemischen Wirkstoffe für Kosmetika zu beschränken, die das deutsche Lebensmittelrecht längst nennt, und neue Produkte nicht zuzulassen, die statt an schmerzfreier Materie an Tieren erprobt wurden. Oder, anders herum: den Tierversuch, soweit er für das Tier mit Schmerzen, Leiden oder Schäden verbunden ist, für neue Wirkstoffe zu verbieten, die nicht der Heilung von Krankheiten, sondern nur der Wettbewerbsverbesserung von Körperpflegemitteln dienen oder nichts als die Ästhetisierung des Menschen zum Ziel haben. Wie mir eine Zuschauerin richtig schrieb: «Kußfester als kußfest muß ja wohl nicht sein.»

Nordamerika, rigoroser in Sicherheitsbestimmungen und rücksichtsloser dem Tierleid gegenüber als Europa, geht auch in der Kosmetikprüfung voran. Und da amerikanische Kosmetikhersteller auch den deutschen Markt maßgeblich bedienen, haben amerikanische Prüfmethoden auch für unsere Verbraucher eine Gewissens-Relevanz.

FDA, die gefürchtete Kontroll- und Zulassungsbehörde für Lebensmittel und Drogen, erließ 1975 schon einen Erlaß, der bestimmt, daß kosmetische Produkte, die nicht toxikologisch geprüft wurden, einen auffälligen Hinweis tragen müssen. Es liegt in der Marktmentalität, daß kein Hersteller dies den Käufer abschreckende Etikett tragen will, und also prüfen die Großen mehr oder weniger alle.

Der Pharmakologe M. A. Barletta veröffentlichte (Drug Cosmet. Ind. 120 [2] 44–46, 1977) eine Auswertung toxischer Potentiale in Kosmetika, die so beginnt: «Zukünftige Bundesvorschriften werden vor der Markteinführung eines neuen Produkts die Vorlage toxikologischer Daten verlangen. Große Kosmetikhersteller in den USA unternehmen darum bereits jetzt toxikologische Studien an allen neuen Produkten, um die Kosten eventueller Produktrücknahmen vom Markt zu vermeiden.
Barletta unterstreicht dann die Wichtigkeit solcher Prüfungen, indem er sagt, daß Hautreaktionen auf kosmetische Produkte besonders stark sind bei Haarfärbemitteln, Haartönern, antibakteriellen Seifen, Nagellacken und Parfums. Er benennt sodann neun Prüfmethoden, von denen sieben

an Tieren – Ratten, Mäusen, Kaninchen und Meerschweinchen –, eine an Zellkulturen und eine am Menschen stattfinden.
Die Tierversuche enthalten den berüchtigten LD-50-Test, der statistisch verwertbare, d. h. große Tierzahlen verlangt (siehe Filmteil 3), und einen Schmerztest an Mäusen, in dem die Tiere mit Dosen behandelt werden, die sie zu krampfartigen Bewegungen («writhing») veranlassen. Barletta beschreibt diesen Writhing-Test mittels Haarpflegemittel-Injektionen in die Tiere und bemerkt dazu mit dem ganzen Charme eines um die Sicherheit von Damen besorgten Wissenschaftlers: «Dieser Test bietet eine einfache, nicht teure und sensitive Prüfmethode für die Reizkapazität eines Produkts.»

Justus Gelzer, Forschungsleiter Biologie bei Ciba-Geigy, kramte diesen leicht nestbeschmutzenden Aufsatz für mich aus dem Firmen-Archiv: nicht gerade die Art eines Sadisten, als der er sich von Stiller-konformen Zuschauern meiner Filme brieflich schmähen lassen mußte. Er merkte zu diesem Artikel indigniert an, daß das Kosten-Argument des Mister Barletta, wo es um Versuchstiere gehe, für einen Wissenschaftler keine Rolle spielen sollte. Sollte.

«Viele Produkte», lese ich weiter, «werden in großer Nähe zum Auge gebraucht (Mascara, Lidschatten).» Es bestünde auch die Gefahr des zufälligen Sprayens oder Spritzens von flüssigen Produkten in die Augen. Das Kaninchenauge sei hier zu benutzen: 0,1/ml Volumen des zu testenden Produkts in den Bindehautsack und «Auswertungen» des Augenzustandes nach 1, 24 und 48 Stunden.
Haarsprays, Parfums, Deodorants und Feinpuder seien zu testen, indem man Tiere in einer Inhalationskammer dem «dynamischen Fließen» dieser Produkte aussetze. Nach einem 14-Tage-Aufenthalt in dieser Kammer seien die Tiere «zu opfern», das heißt zu töten, und dann zu untersuchen. Etwas für Ratten und Meerschweinchen. Und so fort.
Barletta schließt: «Um klinische Toxizität (ich vermute: Verbrauchervergiftungen) und kostspielige Produktrückrufungen zu vermeiden, nicht zu reden von Schadenersatzprozessen, scheinen ausgiebige toxikologische Prüfungen kosmetischer Produkte eine weise Investition für Kosmetik-Wettbewerber zu sein.»
Leser und Leserinnen, die sich auf diesem Gebiet gern weiterbilden möchten, sei das (leider nur in Englisch verfügbare) Buch von Dallas Pratt empfohlen: *Painful Experiments on Animals.* Obwohl das ganze Spektrum des Tierversuchs in den USA abschreitend und nicht frei von innerer Anteilnahme, unterscheidet sich der Arzt Pratt in Sprache und exakter Dokumentation wohltuend von deutschsprachigen Pamphletisten, und ist darum glaubwürdiger (Argus Archives, New York).

4
Stiller und die Folgen

Das 100-Seiten-Taschenbuch «Tierversuch und Tierexperimentator» des Hannoveraner Psychiater-Ehepaars Dr. Herbert und Dr. Margot Stiller, das 1976 in einer kleinen Druckerei in Ronnenberg erschien und 1977 von der Münchner Edition Hirthammer, einer «Tier- und Naturschutz-GmbH», übernommen wurde, ist heute die programmatische Kampfschrift aller Tierversuchsgegner, ob individuell oder organisiert.
Die Wortführerschaft eines Akademiker-Ehepaars (Frau Dr. Stiller ist 1978 verstorben), aus dem Ärztestand zumal, erlöste die aus der Antivivisektionsbewegung früherer Jahrzehnte hervorgegangenen heutigen Gruppierungen von der Frustration, als Laien über komplizierte, schwer durchschaubare Forschungsmethoden der Medizin öffentlich urteilen zu müssen.
Der Glaubwürdigkeitszuwachs dieser Spielart des Tierschutzes war denn auch nicht zu übersehen: Gebildete Menschen, die dem Tierschutz in seiner extremen Ausprägung eher zurückhaltend gegenüberstehen, weil sein intellektuelles Niveau nicht selten dem niedrigen Stand seines Fachwissens entspricht und ihm etwas Sektiererisches, Eiferndes anhaftet, nahmen seine Gedanken nun in entsetzten, die Stillers zitierenden Zuschriften an die Parteien und Medien auf.
Ironischerweise verursachten die Stillers etwas, das sie in ihren Schriften immer wieder vehement geißeln: eine unkritische Autoritäts- und Wissenschaftshörigkeit, die in einem akademischen Titel das Strahlen der Wahrheit sieht. Sie wurden auch das Opfer einer anderen ihrer vielen Schuldzuweisungen an die moderne Medizin. Während sie nicht müde werden, in kaum noch überschaubaren Sekundärschriften und Briefen an die Medien die Fachfremdheit der tierexperimentell forschenden Wissenschaftler in den Bereichen der menschlichen Psyche zu kritisieren (deren Störungen sie für die weitaus meisten Krankheiten als ursächlich betrachten), legt ihnen die Tatsache, daß sie selber in den hochkomplexen Wissenschaften der Biochemie, Pharmakologie und Toxikologie als Laien dilettieren, keinerlei Zurückhaltung in ihren Verdammungsurteilen auf. Sie kriminalisieren die tierexperimentelle Forschung anhand von weltweit zusammengetragenen, in Bruchstücken übermittelten Horrorbeispielen nebst einer beispiellosen Kurzzitatschwemme und richten alle Experimentatoren fast unterschiedslos mit dem zweischneidigen Schwert der Tiefenpsychologie als Sadisten gesellschaftlich hin.

Für den bis zu Morddrohungen gehenden Haß auf tierexperimentell forschende Wissenschaftler, den die von Tierschutzorganisationen in vielen Pamphleten verbreiteten Stillerschen Schriften auslösten, fühlt der Autor sich nicht verantwortlich. Obwohl er seine Texte auf eigenem Briefpapier und aus eigener Schreibmaschine dem «Bund gegen den Mißbrauch der Tiere e. V.» zur Verfügung stellt und dieser Bund sein Taschenbuch kostenlos versendet, ließ er im November 1978 den Intendanten des Süddeutschen Rundfunks, Prof. Dr. Hans Bausch, in einem Brief wissen, er, Stiller, habe keine Gemeinde. Daß seine Gedanken von der Öffentlichkeit aufgenommen würden, spräche für die Aktualität dieser Probleme. Im übrigen sei er keineswegs ein Tierschützer, sondern Wissenschaftskritiker.

Diese Selbstdefinition erzwingt nun eine neue, kritischere Beurteilung seiner Arbeit, denn was man einem Tierschützer bei Unschärfen und Emotionalität, ja selbst bei polemischen Verzerrungen seiner Texte als mildernden Umstand durchgehen ließe, nämlich sein zorniges, mit den Tieren leidendes Herz, das kann ein Autor, der vorgibt, als Wissenschaftler nur die Wissenschaft zu kritisieren, schwerlich für sich in Anspruch nehmen. Da wird die Elle, an der sich einer messen lassen muß, genauer kalibriert.
Es ist dies der Grund, warum ich hier einen Fall ausführlich dokumentieren will, der mir symptomatisch zu sein scheint für Ursachen, Wirkungen und Folgen Stillerscher Wissenschaftskritik. Obwohl nicht aus dem Bereich der angewandten Pharmaforschung stammend, sind die im Mittelpunkt dieses Falles stehenden Katzenversuche in den operativen und apparativen Techniken denen der Heilmittelforscher ähnlich (siehe Filmteil 2, «Wutkatze», siehe Anhang II, Hörnicke). Der Fall hat insofern deutlichen und lehrreichen Bezug zu meinem Thema.
Am 11. Januar 1978 veröffentlichte das *Göttinger Tageblatt* auf seiner Hochschulseite einen ausführlichen Bericht über elektrophysiologische Versuche an Katzen im Göttinger Max-Planck-Institut für experimentelle Medizin. Dort leitet der Privatdozent Prof. Dr. Karl-Heinz Sontag eine Arbeitsgruppe. Der Reporter des Blattes beschrieb das Projekt in der mitunter saloppen Sprache des Journalisten so:
«Ziel dieser Gruppe ist herauszufinden, welche Vorgänge im Nervensystem beispielsweise dann ablaufen, wenn auf den Schmetterball von Vilas sein Gegenüber Borg mit einer für das menschliche Auge kaum noch wahrnehmbaren Geschwindigkeit mit einer Rückhand antwortet. Oder wenn Bomber Müller auf engstem Raum zwischen mehreren Gegnern den Ball am Torwart vorbei ins Netz zieht.
Das sind noch Fernsichten, zunächst gilt die Aufmerksamkeit seit fünf Jahren einem Teilaspekt, den Dr. Sontag so beschreibt: ‹In unserer Ar-

beitsgruppe werden Bewegungsabläufe analysiert. Wir konzentrieren uns hauptsächlich auf Laufbewegungen, wobei wir die Frage stellen, welche zentralnervösen Aktivitäten in bestimmten Bewegungsphasen notwendig sind.› Hauptproblem dabei ist das Zusammenspiel zwischen Gehirn und Rückenmark. Den Wissenschaftlern sind die Funktionen einzelner Zellen, Nervenfasern oder auch Zellverbänden aus Experimenten mit narkotisierten Tieren weitgehend bekannt. Die Entwicklung modernster Methoden hat hier große Fortschritte gebracht. Doch die Gruppe um Dr. Sontag fragt sich, ob diese Ergebnisse auch dann erzielt werden, wenn sich das Versuchstier nahezu natürlich verhalten kann.

Ganz wichtig als Voraussetzung ist, Untersuchungsmethoden zu entwikkeln, die weitgehend schmerzfrei sind, denn wenn eine Katze beim Laufen Schmerz empfindet, dann bewegt sie sich nicht mehr natürlich. Die nach komplizierten Operationen auf die wochenlangen Experimente vorbereiteten Tiere tollen denn auch munter spielend durch die Büros und Labors des Max-Planck-Instituts.

Um herauszufinden, welche Aktivitäten das Nervensystem der Katze entwickelt, wenn das Tier schnell läuft, werden an den Nervenzellen der Beinmuskulatur, im Rückenmark und im Gehirn Mikroelektroden eingesetzt. Dem Tier wird ein künstliches Kabelnetz eingezogen. Diese Kabel enden, ohne daß die Katze etwas davon merkt, in einer Plattform aus dem Material, aus dem auch Zahnprothesen für den Menschen hergestellt werden, die auf dem Schädel montiert ist. Während des Versuchs dient das Gestell als Träger für einen Minisender, mit dessen Hilfe die in den Zellen und Nervenfasern registrierten elektrischen Ströme empfangen werden können.

Die Tiere werden nun so an die eigentlichen Experimente gewöhnt, daß sie ein Stück Fleisch erst dann bekommen, wenn sie auf einem Laufband ein bestimmtes Pensum absolviert haben. Während die Katze sich im schnellen Lauf ihr Frühstück verdient, ohne dabei den Standort zu ändern, werden von den Wissenschaftlern die gewünschten Signale aufgezeichnet oder die Bewegungen des Tieres mit der Zeitlupenkamera festgehalten. In Zusammenarbeit mit dem Institut für den wissenschaftlichen Film in Göttingen wurde kürzlich sogar ein Röntgenfilm in Zeitlupe gedreht.»

Dem Artikel, der in großer Ausführlichkeit die in unserem Zusammenhang nicht interessierenden Schlußfolgerungen aus diesen Versuchen, ihre mögliche Bedeutung für Parkinson-Patienten und weitere Versuche an Katzen beschrieb, war ein Bild beigegeben, auf dem ein Mitarbeiter Sontags eine Versuchskatze auf dem Arm hielt. Unter dem Sendersockel auf dem Schädel waren die weit geöffneten Augen des Tieres zu sehen.

Das *Göttinger Tageblatt* erhielt auch von Herbert und Margot Stiller einen Leserbrief, den die Zeitung abdruckte:
«Es ist erfreulich, daß die Diskussion um Nutzen, Sinnlosigkeit und Gefährlichkeit von Tierversuchen für den Menschen vom Göttinger Tageblatt in die Öffentlichkeit getragen wird. Denn letzten Endes ist es der Steuerzahler, über dessen Kopf hinweg entschieden wird, auf welche medizinischen und sozialen Einrichtungen er zu verzichten und welche eventuellen Luxusprojekte er zu finanzieren hat. Bekanntlich haben Landesrechnungshöfe im Wissenschaftsbereich schon manche Mißstände aufgedeckt. Die Hochschulmedizin pflegt sich nach dem Basler Univ.-Professor F. Labhardt mit 99 % der Leiden von Patienten nicht zu befassen. Und der Wissenschaftskritiker und Pharmakologe G. Kienle betont: ‹In der Übertragbarkeit von Tierversuchen auf den Menschen bestehen außerordentlich große Diskrepanzen zwischen Hoffnung und Wirklichkeit.›
Und nun ein Wort zum Alltag für Herrn Dr. Sontag: Dr. Sontag behauptet, seine Katzenversuche über ‹fusiomotorische Reflexe› dienten der Erforschung des Parkinsonismus von Mensch und Tier. Während eines wissenschaftlichen Vortrages in Hannover erklärte Dr. Sontag aber, Katzen bekämen im Gegensatz zum Menschen keine Rigidität (bestimmte Muskelsteifigkeit, Hauptsymptom des Parkinsonismus). Wo das fusiomotorische System sich befinde, wisse er eigentlich nicht. Er halte es mit den Amerikanern: Irgend etwas finde man bei Versuchen immer. Er könne auch nicht angeben, ob bei seinen Versuchen Spastik oder Rigidität (zwei völlig verschiedene Symptome bei unterschiedlichen Krankheiten) vorliege. Ferner wisse er nicht, ob seine hirnelektrischen und muskulären Untersuchungsergebnisse durch emotionelle oder andere Faktoren verfälscht sein könnten.
Dr. Sontag hat übrigens seit mehr als 10 Jahren zahllose Katzenversuche in narkosefreiem Stadium gemacht, nachdem an den Tieren eine verstümmelnde Gehirnoperation mit Großhirnausschaltung und vollständiger Lähmung durchgeführt worden war. Solche bewußtlosen, gelähmten Katzen sind bestimmt nicht putzmunter. Aber auch die gezeigten Katzen mit Gehirnelektroden leiden u. a. an Hirnhautreizungen und Eiterherden. – Nach Ansicht des Neurologen Dr. Barrios del Risco bestehen große funktionelle und anatomische Unterschiede zwischen Katzen und Menschen. Man fragt sich, woher Dr. Sontag den Mut und das Geld zu derartigen sinnlosen, fragwürdigen und unmenschlichen Katzenversuchen nimmt. Diese Gelder sollten besseren Zwecken zugeführt werden.
Interessanterweise erklären die Göttinger Forscher, ‹ihre Experimente könnten z. T. gefahrlos auch am Menschen ausgeführt werden.› Abgesehen davon, daß alle von Elektrodenkanülen angestochenen Gehirnnervenzellen zugrunde gehen, muß man durchaus mit gelegentlichen Todes-

fällen rechnen. Nobelpreisverdächtige Glanzleistungen auf diesem Gebiet der Menschenversuche mittels Elektrodeneinpflanzungen vollbrachten die amerikanischen Forscher Delgado, Pinneo und Heath. Sie sorgten u. a. dafür, daß Frauen sich ihnen auf Kommando sexuell anboten und Neger ihr Leben mit sexueller Selbstertüchtigung zubrachten. Nicht jeder allerdings schätzt Experimente, die ihn zum elektronischen Befehlsempfänger degradieren. Dem Laien soll das Vorstehende daher ein kleiner Hinweis darauf sein, wie schnell Bedenkenlosigkeit gegenüber Tieren zu Bedenkenlosigkeit gegenüber Menschen führt. Es lohnt sich, darüber nachzudenken.»

Dr. med. Herbert Stiller und
Dr. med. Dipl.-Psych. Margot Stiller

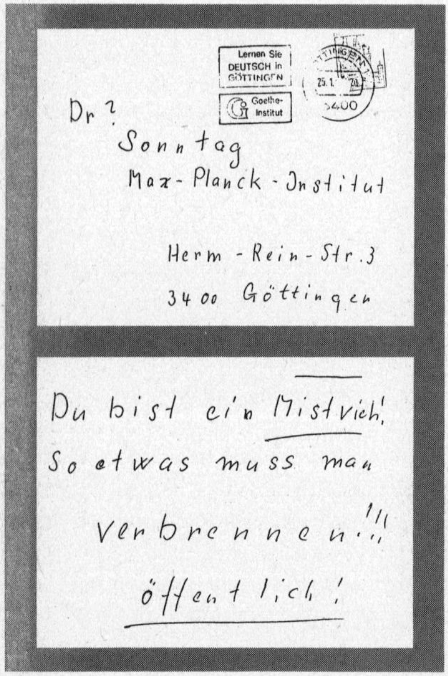
Lernen Sie DEUTSCH in GÖTTINGEN
Goethe-Institut
3400

Dr ?
Sonntag
Max-Planck-Institut

Herm-Rein-Str. 3
3400 Göttingen

Du bist ein Mistvieh!
So etwas muss man
verbrennen!!!
öffentlich!

Sontag, der Briefe von der hier faksimilierten Art erhielt (wie übrigens auch die Experimentatoren aus meinen Filmen), schrieb dem Blatt zurück:
«Die vom Regierungspräsidenten im einzelnen genehmigten Tierversuche werden routinemäßig und regelmäßig vom zuständigen Veterinäramt für den Landkreis und die Stadt Göttingen überwacht. Beanstandungen hat es nicht gegeben. Sämtlichen gesetzlichen Vorschriften ist Rechnung getragen worden.

Alle operativen Eingriffe werden bei uns in Narkose durchgeführt. Festgeschnallte Tiere in lokaler Betäubung gibt es nicht. Grundsätzlich gelten bei uns die gleichen Regeln wie im Bereich der Chirurgie am Menschen.
Implantate sind aus dem Material gewählt, das in der Unfallchirurgie auch verwendet wird. Größe und Ausmaß dürfen das Tier nicht behindern. Voraussetzung aller Versuche bei uns ist, ein Resultat an völlig unbehinderten Tieren zu erhalten.
Die telemetrisch übertragenen Daten sollen Aufzeichnungen von normalen Laufbewegungen und den Reaktionen der beteiligten Nerven erbringen. Nur weil die entwickelte Technik Schmerzfreiheit im Tier erlaubt, sind solche Experimente überhaupt möglich.
Kein Tier wird bei uns gequält. Die Tiere bestimmen selber die Dauer des Laufpensums auf dem Laufband. Eine unlustige Katze setzt sich hin und verhindert jeden weiteren Versuch. Alle Experimente sind nur mit kooperativen Tieren möglich, d. h. mit Tieren, die sich wohlfühlen und freiwillig mitmachen. Sie müssen gesund sein. Eine entsprechende Sorgfalt liegt in unserem eigenen Interesse.
Die beanstandete Katze (Foto) wurde vom Fotografen des GT mit Blitzlicht fotografiert. In schneller Aufnahmefolge erhält man immer Fotos, auf dem das Auge noch an die Dunkelheit im Raum nach dem vorangegangenen Blitz adaptiert ist. Die weitgestellte Pupille allein ist deshalb nicht der Beweis einer gequälten, verängstigten Kreatur.
Tierversuche sind stets auf ein Mindestmaß zu reduzieren, und leider lassen sich viele wissenschaftliche Fragestellungen z. B. nicht an Gewebekulturen verfolgen. Deshalb ist zu fragen, wo die Entwicklung der künstlichen Niere, der Herz-Lungen-Maschine, des Herzschrittmachers, des Herzklappenersatzes, der Gefäßprothesen, der Knochennagelung und Knochenverplattung, des Knochen- und Zahnersatzes, der Nervenstimulation bei der Schmerzbekämpfung als Beispiele lebenserhaltender therapeutischer Maßnahmen geblieben wäre, wenn nicht vorausgegangene Tierversuche die Anwendung in der praktischen Medizin geschaffen hätten. Wer wollte und wer darf darauf verzichten?
Die ursprüngliche Idee für ein Forschungsvorhaben wird in aller Regel eine Idee bleiben, wenn keine Geldmittel dafür bereitgestellt werden.
Voran- und nachgestellte Gutachtergremien befinden über den Wert des Vorhabens und über die Anwendung der aus Steuermitteln zur Verfügung stehenden Gelder. Die Güte eines Antrages und die Güte des Resultats bestimmen die Größenordnung der zugewiesenen Mittel.
Das besondere Interesse, das die Leser Herr und Frau Dr. med. Stiller dem Thema entgegengebracht haben, hat uns veranlaßt, Herrn und Frau Dr. med. Stiller zu einem Vortrag ihrerseits nach Göttingen einzuladen.

Wir sind sicher, daß das Göttinger Tageblatt (Redakteur Bockemühl) einen Forschungsbericht schreiben wollte und nicht die unterstellte Absicht hatte, ‹Nutzen, Sinnlosigkeit und Gefährlichkeit von Tierversuchen für den Menschen in die Öffentlichkeit› zu tragen, wie in der Zeitschrift von Herrn und Frau Dr. Stiller behauptet wird.
Ich kann auch im Namen meiner Kollegen und im Namen des Instituts versichern, daß weder Bedenkenlosigkeit gegen Tiere noch gegen Menschen unser Handeln bestimmt. Die Beschreibung meiner Versuche in den Leserzuschriften, insbesondere durch Herrn und Frau Dr. Stiller, erwecken einen solchen Eindruck. Die Versuchsbeschreibungen sind schlichtweg falsch, ebenso wie meine Ausführungen anläßlich eines vor Jahren gehaltenen Vortrags in Hannover falsch wiedergegeben worden sind.»

P. D. Dr. Karl-Heinz Sontag
Max-Planck-Institut für experimentelle Medizin Göttingen

Dem Ehepaar Stiller schrieb Prof. Sontag namens des Max-Planck-Instituts unter dem Datum 3. Februar 1978 diesen Brief:
«Wir möchten Sie zu einem Vortrag im Rahmen des Kolloquiums der Göttinger Physiologischen und Pharmakologischen Max-Planck- und Universitäts-Institute einladen. Diese Kolloquien finden immer dienstags um 18.30 Uhr im Hörsaal des Max-Planck-Instituts für experimentelle Medizin, Hermann-Rein-Straße 3, Göttingen, statt. Die genaue Formulierung des Themas überlassen wir grundsätzlich den Referenten. Wir geben lediglich den Themenwunsch an. Da Sie sich besonders für die Durchführung von Tierexperimenten und die Aussage der Tierexperimente interessieren, bitten wir darum, daß Sie aus diesem Themenbereich vortragen.
Die Reisekosten und die Kosten für die Unterbringung auswärtiger Gäste übernehmen wir gerne. Es wäre uns angenehm, wenn Sie Ihren Vortrag in den Monaten April oder Mai halten könnten.»

Das Ehepaar Stiller antwortete unter dem Datum 15. Februar 1978:
«Besten Dank für Ihr freundliches Schreiben vom 3. 2. 78 und Ihre liebenswürdige Einladung. Wir haben jedoch schon derart viele Einladungen für dieses Jahr, daß eine weitere Belastung nur zu Lasten unserer Patienten gehen könnte. Und das erscheint uns nicht tragbar angesichts des verheerenden Mangels an psychoanalytisch tätigen Ärzten. Wir wissen auch nicht recht, was sie sich von einer Diskussion im internen Kreis versprechen.
Über Ihre Arbeiten sind wir größtenteils informiert. Unsere Arbeit liegt Ihnen bzw. vielen Ihrer Kollegen vor. Eine weitere Arbeit von uns, die auf Aussagen von Wissenschaftlern, Studenten, Personal etc. basiert, ist

in Arbeit. Selbstverständlich können wir Sie nicht überzeugen. Ebenso wenig werden Sie uns überzeugen können.
Wir haben in den vergangenen 8 Jahren sehr viel gesehen, was wir nicht für möglich hielten, und sehr viel dazu gelernt. Wir wissen auch manches, was die tierexperimentelle Forschung noch mehr in Mißkredit bringen könnte, und was wir – wenn es sein muß – preisgeben werden. Mit Namen, Aktivitäten etc., Zeugen (darunter Wissenschaftler) sind zur Genüge vorhanden.»

Karl-Heinz Sontag schrieb unter dem Datum 17. Februar 1978 zurück:
«Ich danke Ihnen für Ihr Schreiben vom 15. 2. 1978 und bedauere es sehr – und das nicht nur in meinem Namen –, daß Sie der Einladung zu einem Kolloquium nicht folgen können.
Es ist nicht beabsichtigt gewesen, eine Diskussion im internen Kreis durchzuführen. Wir wollten Ihnen die Gelegenheit geben, ausführlich in einem wissenschaftlichen Vortrag Ihre Ergebnisse und Ansichten zum Themenkomplex ‹Tierexperimente› vorzutragen. Es ist ferner nicht unsere Absicht, anläßlich eines Vortrages Überzeugungen zu beeinflussen. Wir halten es dagegen für ganz wesentlich und für alle zukünftigen Ausführungen entscheidend zu wissen, von welchen Tierexperimenten gesprochen wird. Dazu gehört nach unserer festen Überzeugung eine solide Sach- und Fachkenntnis. Zur Übermittlung dieses notwendigen Wissens sind unsere wissenschaftlichen Vorträge im Rahmen des Kolloquiums mit der anschließenden Diskussion geeignet.
Da ich durch Sie in der Öffentlichkeit angesprochen worden bin und ich darauf öffentlich geantwortet habe, interessiert es mich, nun zu wissen, ob Sie bereit sind, eine falsche Darstellung meiner Experimente zur Kenntnis zu nehmen, und ob Sie bereit wären, die falsche Darstellung auch öffentlich zu widerrufen.
Ich wäre Ihnen für eine Antwort zu Dank verbunden.»
Auf eine solche Antwort, so ließ Sontag mich am 22. November 1978 wissen, wartet das Göttinger Max-Planck-Institut noch heute. Sontag, der sich und seine Mitarbeiter durch Stiller diffamiert sieht: «Ich halte es geradezu für kriminell, wenn Menschen unter Angabe einer speziell-qualifizierenden Berufsbezeichnung und eines akademischen Titels die Unwahrheit verbreiten und dieses allem Anschein nach auch noch wissentlich tun. Andernfalls würden sie zur Korrektur bereit sein.
Die Übermittlung falschen Wissens geschieht im Schatten provozierter Emotionen. Die Unwahrheit ist dann oft gar nicht mehr auf den ersten Blick erkennbar. Das macht dem Fachmann Schwierigkeiten, die Öffentlichkeit ist dabei jedoch überfordert ...»

Ich beziehe mit dieser Dokumentation nicht Stellung für das Göttinger Institut. Auch vermag ich dessen Versuche im Hinblick auf ihren Nutzen für den Menschen nicht zu beurteilen. Weiterhin rührt sich in mir ein meiner Zuneigung zu Tieren entspringender und durch den Verstand nur schwer niederzuhaltender Widerwille gegen operativ verursachte Querschnittlähmungen an neugeborenen Katzen, an denen man, indem man sie einem Lauftraining unterzog, die noch weithin ungeklärten Wechselwirkungen zwischen Gehirn und Rückenmark erforscht. Ein querschnittgelähmter Mensch wird darüber freilich anders denken als ein gesunder.
Es geht mir auch nicht um Gedanken-Inhalte und gesundheitspolitische Ziele Stillerscher Aktivitäten. Ich bekenne, möglicherweise zum Erstaunen nicht weniger Wissenschaftler, mit denen ich Kontakte unterhalte, daß seine Kritik an einer zunehmend menschenabgewandten, psychosomatische Phänomene vernachlässigenden apparativen Ingenieurmedizin ein weit verbreitetes Unbehagen formuliert, das ich teile.
Weiter bin ich der Meinung, daß der deutsche Tierschutz engagiert schreibende Moralisten mit akademisch fundierter Glaubwürdigkeit benötigt, wenn ihm, zum Schaden seiner politischen Effektivität, nicht der Ruch des Tiertantentums anhaften soll. Freilich, und da setzt meine Kritik an Stiller und seinen Epigonen an, bedarf es dazu eines Moralisten, der die vielen Fanatiker und Selbstdarsteller, Vereinsmeier und Ignoranten unter den organisierten Tierversuchsgegnern nicht mit Horrormaterial aus aller Welt munitioniert, sondern sie geistig diszipliniert.

Zur akademischen Glaubwürdigkeit eines Wissenschaftskritikers gehört unabdingbar, daß er bereit ist, seine öffentlich vorgetragene Kritik – zumal dann, wenn sie tief ins Persönliche der Kritisierten zielt («Ein Wort zum Alltag des Herrn Sontag») – in der Sachdiskussion mit den Kritisierten zu erhärten. Wer der Max-Planck-Gesellschaft in Gestalt ihres Göttinger Instituts «Luxusforschung und Sandkastenspiele» vorwirft, aber die Ablehnung einer Einladung mit Zeitmangel für ein ganzes Jahr begründet, obwohl er im selben Jahr Zeit findet, bundesweit vor Laienpublikum und Buchmesse-Besuchern aufzutreten, auch Straßendemonstrationen gegen Tierversuche zu organisieren, der büßt seine Glaubwürdigkeit als Wissenschaftskritiker ein. Das hat Rückwirkungen auch dort, wo über das Schicksal der Versuchstiere letztlich entschieden wird, im politischen Raum:
Meiner dem Referat Tierschutz im Bundeslandwirtschaftsministerium vorgetragenen Bitte, Stiller nach Oberschleißheim zur wissenschaftlichen Tagung der Deutschen Veterinärmedizinischen Gesellschaft einzuladen, wurde nicht entsprochen – gewiß nicht aus Angst vor Stillerschen Argumenten. Ich riet dann, ihn zu der Anhörung zu laden, die der zuständige

Bundestagsausschuß im April 1979 in Bonn zum Thema Tierversuche abhalten will.
Könnte Stiller sich entschließen, im langen Marsch durch die deutschen Forschungsinstitutionen staatlicher und privatwirtschaftlicher Provenienz seine eigenen Gedanken an den Objekten seiner Kritik zu überprüfen und die seiner wissenschaftlichen Gegner im Dialog zu verändern, er fände nicht nur in mir einen Weggenossen und Multiplikator seiner vielfach humanen Gedanken. Seine nach Göttingen übermittelte Devise aber («Ich kann Sie nicht, Sie können mich nicht überzeugen») führt ihn in die Isolation, und er wird sich am Ende dort vorfinden, wo er heute nicht eingeordnet werden möchte: als Tierschützer bei Tierversuchsgegnern vom selbstgerechten Schlage eines J. W. Baltus, der einer «Initiative gegen Tierversuche München e. V.» vorsteht.
Baltus in einem Brief an ein Vereinsmitglied, dem Zweifel kamen, ob sich nicht die Interessen der leidenden Kreatur besser vertreten ließen, wenn sich zur Härte in der Sache eine Mäßigung im Ton gesellte: «... müssen wir heute an Sie die Frage richten, ob Sie überhaupt noch zu den Zielen des Vereins stehen. Wir bitten Sie, diese Frage umgehend zu beantworten. Wir machen Sie darauf aufmerksam, daß wir alle, die sich für Tierversuche aussprechen, als unsere Gegenseite betrachten, wobei uns weder Name noch Stand dabei besonders interessieren. Gegen wie viele Fronten bzw. an wie vielen Fronten wir dabei zu kämpfen haben werden, wissen wir nicht. Sicher wissen wir aber, daß unsere Sache sehr viele Feinde bzw. Verräter hat ...» Ein Vereinsvorstand Baltus würde mit Sicherheit auch dem «Verräter» Albert Schweitzer diesen Brief geschrieben haben, weil Schweitzer Tierversuche, wenn auch nur unter engen Voraussetzungen, tolerierte.

Ein klassisches Beispiel für die geradezu hysterisch anmutende Intoleranz vieler sogenannter Anti-Vivisektionisten gegenüber Meinungen, selbst den maßvollsten, die den ihrigen nicht entsprechen, ist der Schweizer Romanschriftsteller Hans Ruesch, Verfasser des aus dem Amerikanischen übersetzten Buches *Nackte Herrscherin,* das – als «Vivisektionsschocker» bezeichnet – in Auszügen auch durch die deutsche Presse ging. In Leserbriefen an Presseorgane ist Ruesch in der Charakterisierung solcher abweichenden Meinungen, auch wenn er sie aus zweiter oder dritter Hand bezog, mit Ausdrücken wie «glatte Lüge» rasch bei der Hand, verlangt ultimativ «Beweise» und eine «100%ig befriedigende Antwort», andernfalls «Anprangerung» erfolge «in einem neuen, bevorstehenden Werk».
Der Psychiater Stiller hat viel tiefenpsychologische Mühe auf die Ansicht verwandt, daß Tierexperimentatoren deshalb oft so liebenswürdige Menschen seien, weil sie ihre Aggressionen mit Folterwerkzeugen an Tie-

ren abreagierten. Das Buch seines Kombattanten nun, mit dem zusammen er öffentlich auftritt, ist eine wahre Orgie unbewältigter Aggressionen. Ruesch schreibt quasi mit Schaum vor dem Mund und schneidet mit dem glühenden Messer einer exaltierten Sprache tief ins lebende Fleisch tierexperimentell forschender Wissenschaftler – eine Art von literarischer Vivisektion, die ihre Lustgefühle nicht einmal verhüllt. Er duldet es, daß der Hirthammer-Verlag, der von sich sagt, er beschäftige sich mit dem Tierschutz «rein ideell», in der Werbung für dies Buch in der Manier von Gruselkabinett-Anreißern einen «wichtigen Hinweis» bringt: «Damit empfindsame Leser nicht vom Lesen der *Nackten Herrscherin* abgehalten werden, wurden die Experimente in Teil III ‹Beweise› zusammengefaßt. So kann der Leser die Seiten 93 bis 150 überschlagen.» Sensationsgierige wissen nun, wo sie in der Buchhandlung mit dem Probelesen anzufangen und aufzuhören haben. Quo vadis, Herbert Stiller?
Mit Stolz verbreitet Ruesch immer wieder: «Keine meiner Behauptungen sind widerlegt worden.» Es kommt ihm, der sich «Directeur Hans Ruesch» tituliert und diesen Titel von seinem Arbeitsarchiv in Klosters ableitet, das er bombastisch «Centre Information Vivisectioniste International Scientifique» getauft hat, nicht in den Sinn, daß ihn deshalb niemand in seinen Schlußfolgerungen aus 150 Jahren in der Tat oft schauriger Tierversuche zu widerlegen sucht, weil auf dieser hochaggressiven Ebene ein Dialog sinnlos ist.

Ich kann diesen Literaten im einzelnen dem Urteil seiner Landsleute überlassen. Die *Neue Zürcher Zeitung*, wohl das journalistisch zurückhaltendste Blatt, das sich weit und breit in der Presselandschaft finden läßt, urteilte über Ruesch und sein Buch am 28. November 1978:
«Tierversuche waren immer umstritten; sie werden es wohl auch immer bleiben. Vordergründig spielt die rein *gefühlsmäßige Bindung* des Menschen an das Tier dabei eine gewichtige Rolle. Hier liegt wohl auch die häufigste Motivation für die fast immer stark emotionell gefärbten Attakken gegen die Experimente am lebenden Tier. So schildert Ruesch immer wieder herzzerreißende Szenen aus dem blutigen Alltag der Vivisezierer, wobei er einem Anthropomorphismus huldigt, der wohl kaum dem heutigen tierbiologischen Erkenntnisstand entspricht. In seinen Beschreibungen des tierischen Verhaltens wimmelt es nachgerade von Ausdrücken wie Treue, Nächstenliebe, Mitleid, Dankbarkeit. Zum Beispiel: ‹Die meisten in freier Wildbahn gefangenen Tiere paaren sich im zoologischen Garten nicht; sie unterdrücken einen der stärksten Triebe, weil sie nicht wollen, daß ihre Sprößlinge in der Gefangenschaft aufwachsen. Manche Weibchen, die dort geworfen haben, möchten ihre Jungen lieber tot sehen und nähren sie nicht oder bringen sie um. Aber in Freiheit sind sie Mustermütter.›

Man mag einem derart engagierten Tierfreund seinen heiligen Zorn auf die Gilde der Tierexperimentatoren nachsehen, eine auch nur einigermaßen sachliche Diskussion kann unter diesen Umständen aber nicht stattfinden. Für Ruesch bleibt schließlich als alleinige Erklärung für die täglich Hunderttausende von Tieropfern: Gewinnsucht, Karrieresucht, Sadismus. Und die Frage, warum trotz ‹absoluter Nutzlosigkeit› Tierversuche von Jahr zu Jahr zunehmen, beantwortet er dahin, daß diese Art von Forschung es den Wissenschaftlern ermögliche, ohne Schweißvergießen große Stipendien von Staat und privaten Quellen zu erhalten. Mindestens dem kritischen Leser sollte jedoch auffallen, daß die sicherlich ökonomisch denkenden Pharmakonzerne kaum laufend Unsummen von Forschungsgeldern in Tierexperimente investieren, wenn damit lediglich einer Bande von Geistesgestörten (so Ruesch) ein frevlerisches Hobby ermöglicht würde. Wer aber je persönlich mit Tierexperimentatoren zu tun hatte, wird wissen, daß sich diese Menschengattung trotz allen Anschuldigungen in ihrem Gefühlsspektrum nicht wesentlich von der übrigen Bevölkerung unterscheidet.»

Zu den Folgen Stillers gehört der Tierschutz-Journalist Ilja Weiss. Stiller schrieb mir über ihn am 20. Dezember 1976: «Ein uns bekannt gewordener junger Journalist (Ilja Weiss), der auch schon an Sie geschrieben hat und nach eigenen Angaben noch vor einem Jahr glaubte, Tierversuche müßten sein, hat inzwischen u. a. 20 Laboratorien dieser Art besucht und ist auf Grund dessen zu der gegenteiligen Ansicht gelangt.»

Ilja Weiss über sich (1978): «Ich bin Journalist, der vor drei Jahren angefangen hat, sich kritisch mit Tierversuchen zu beschäftigen. Auf Grund meiner Recherchen und Studien und nicht zuletzt auf Grund der Reaktionen, die meine Artikel über Tierversuche in der Öffentlichkeit hervorgerufen haben, bin ich inzwischen zum kompromißlosen Gegner *aller* [Hervorhebung von Ilja Weiss] Tierversuche geworden und strebe in Zusammenarbeit mit einigen Medizinern, Pharmakologen, Zoologen, Biologen und anderen Fachleuten, Wissenschaftskritikern und Journalisten die vollständige Abschaffung aller Tierexperimente an.» Er nennt dann einige Wissenschaftler, mit denen seine «Position identisch» sei und sagt, daß sich die Liste dieser Fachleute «fast endlos fortsetzen» ließe.
Wäre dem so – um mit dieser Versimpelung vielschichtiger Sachverhalte anzufangen –, wäre also die Liste der Wissenschaftler, die, wie Weiss, gegen *alle* Tierversuche sind, fast endlos, so hätte man diese längst abgeschafft. Aber auch die Namen derer, die er als seine Brüder im Geiste nennt (und die in ihrer illustren Internationalität an das *names dropping* eines jungen Journalisten erinnern, an ein Sichschmücken mit der persönlichen Nähe zu großen Geistern der Welt), halten einer Nachprüfung

nicht stand. Schon ein oberflächliches Literaturstudium ergibt bei etlichen ein weit differenzierteres Meinungsbild.
Der mir persönlich bekannte Max-Planck-Limnologe Professor Illies, zum Beispiel, ist zu klug, zu welterfahren und zu realistisch, als daß er sich mit Ilja Weiss zur Forderung nach einem Verbot aller Tierversuche hinreißen ließe. Dr. G. Kienle, ein in letzter Zeit stark hervorgetretener Kritiker unserer Gesundheitspolitik, wäre sehr wohl auch anders zu zitieren, als Weiss (und übrigens auch Stiller) dies mit ihm tut. Kienles bedenkenwerten, vor allem im Statistischen wurzelnde Vorbehalte gegen die Tierversuche sind zu intelligent, zu differenziert, als daß sie sich auf einen total negativen Nenner bringen ließen. In seinem Buch *Arzneimittelsicherheit und Gesellschaft* (1974) kann man auch diesen Satz lesen: «Der Tierversuch ist so lange vertretbar, als man sich seines Modellcharakters – d. h. der Analogie – bewußt bleibt und die Versuchsergebnisse wiederum am Menschen auf ihre Gültigkeit überprüft.»
Der Marburger Physiologe Professor Dr. Herbert Hensel ist nur ein Gegner exzessiver Tierversuche, tastet sie im Kern aber nicht an. Hensel am 2. Januar 1978 im Deutschlandfunk: «In bezug auf die Physiologie würde uns der grundsätzliche Verzicht auf Tierversuche ... weiter als 150 Jahre zurückgeworfen haben.» Und: «Es könnte niemand Arzt werden, der nicht die Ergebnisse des Tierversuchs in seinem Wissen berücksichtigt.»
Der nordamerikanische Tierversuchskritiker Dr. Dallas Pratt, den Weiss ebenfalls für sich als fachliche Referenz reklamiert, sagt in den allerersten Sätzen seines Buches «Painful Experiments on Animals» schon dies: «Alle Experimente, die auf den folgenden Seiten beschrieben werden, haben eines gemeinsam: das Leiden von Tieren. Und das ist grundsätzlich alles, was uns hier beschäftigt; wir haben nicht versucht, die Experimente bezüglich ihres Wertes für die menschliche Rasse abzuschätzen. Es ist leicht für einen Kritiker, vieles in der wissenschaftlichen Forschung als unproduktiv hinzustellen, ja sogar lächerlich zu machen. Es ist gleichermaßen einfach für einen Wissenschaftler, einen Laien zu verdammen, der einige wichtige Anwendungen tierexperimenteller Ergebnisse auf die menschliche Gesundheit übersehen hat. Da diese Art von Diskussion in Anklagen und Gegenanklagen zusammenbricht, wird die Öffentlichkeit verwirrt und verliert die Tatsache aus den Augen, daß ein Tier in einem produktiven Versuch ebenso sehr wie in einem unproduktiven leidet.»

Abgesehen von der in diesen Sätzen steckenden Tolerierung einiger Tierversuche: Just was Pratt nicht billigt, tut Weiss, der sich doch auf ihn beruft, im Verein mit Stiller: die tierexperimentell forschende Wissenschaft als unproduktiv darzustellen («wertlos, ja gefährlich für den Menschen») und sie lächerlich zu machen. (Die Stillers über den modernen Wissenschaftler: «Nie war er so wertvoll wie heute!» An anderer Stelle

wird Wissenschaft mit dem Knabenspiel «Wer am weitesten pinkeln kann» verglichen.)
Ein Studium der Arbeit von Ilja Weiss, die in allen wesentlichen Fakten und Schlußfolgerungen kritiklos die Stillers, zum Teil wörtlich, kopiert und eigene Arbeitsergebnisse, sieht man von einigen Aktualisierungen auf Grund neuerer Presseveröffentlichungen ab, vermissen läßt, zeigt die stereotype Wiederholung von Horrorfakten, die oft schon zu Beginn seiner Arbeit nicht eben neu waren. Wer das vergleichen will, der besorge sich einen frühen Weiss, etwa das «Darmstädter Echo» vom 6. 11. 1976 und einen späten Weiss, etwa die obskure Zeitung «Blitz-Tip», Frankfurt, vom September 1978. Dazwischen liegen viele textidentische Nachdrucke in den Traktaten der Tierversuchsgegner, deren Starautor Weiss geworden ist.
Ich würde das alles hier nicht ausbreiten, hätte ich nicht erschütternde Beweise dafür in der Hand, was diese Artikel, die alle Arten von Tierversuchen, neue wie alte, deutsche wie ausländische, in einen einzigen Horrortopf werfen, in den Köpfen vieler einfacher Menschen, die mir schrieben, angerichtet haben. Eine alte Dame aus Frankfurt schickte mir diesen alt-neuen «Blitz»-Artikel von Weiss und schrieb unter Berufung auf ihn: «Meine seelischen Qualen bei der Vorstellung der Marter unserer hilflosen Mitgeschöpfe könnten mich zum Wahnsinn treiben. Wenn ich bloß wüßte, wie ich dieser scheinheiligen, heuchlerischen Macht Medizin das Handwerk legen könnte – Mord und Tod der Tiere ist ihr Schlachtfest.»
Derartige Briefe, angereichert mit Stiller- oder Weiss-Zitaten, habe ich dutzendfach erhalten. Sie sind bedrückend nicht nur wegen der Gewissensnöte dieser Menschen, sondern auch weil ein jeder Wissenschaftler, Politiker oder Publizist, der diese Materie zu entemotionalisieren sucht, in den Augen dieser Menschen zum Lügner und Korrumpierten, ja zum Handlanger von Sadisten wird. So erstirbt – nach Pratt – jede Diskussion, die eigentlich der Verminderung von Tierleid dienen sollte, in bitteren Anklagen und Gegenanklagen. Das Tier gerät dabei mehr und mehr aus den Augen der Streitenden. Es herrscht nackte Rechthaberei.
Ein Journalismus, der die Fakten durch das enge Sieb der eingestandenen eigenen Kompromißlosigkeit rinnen läßt und nur die obenauf liegenbleibenden Horrorbrocken präsentiert, verkommt zur Demagogie. Auch Weiss hat, wie Stiller, sein Göttingen, wo er zur Korrektur – oder zum Beweis – bereit sein sollte. Zwischen 1976 und heute hat er vielfach verbreitet, daß das Münchner Salem-Institut praktisch für alle Tierexperimente praxisreife Alternativmethoden dokumentiert hätte; die Wissenschaft mache nur keinen Gebrauch von ihr.
Ich kann mir nicht vorstellen, daß der Journalist Weiss das Salem-Institut, das in der praktischen Erprobung von Alternativmethoden «in den allerersten Orientierungsversuchen» steckt (Dr. Propach, ehemals Salem),

jemals besucht hat; er hätte dann, nachdem er in zwanzig Labors Studien getrieben haben will, gesehen, daß aus diesem Forschungsmilieu im Hochparterre einer Münchner Mietskaserne das Heil der Tierwelt wohl nicht kommen kann. Salems wissenschaftlicher Leiter, der in meinem Film aufgetretene japanische Biochemiker Goto, sagte mir unter Hinweis auf die ärmliche apparative Ausstattung seines Instituts, daß er kompliziertere chemische Analysen von seinen früheren Kollegen im Münchner Max-Planck-Institut für Biochemie erbetteln müsse. Der Organisationsleiter Dr. Propach, den die Bruderschaft Salem seiner Interview-Äußerungen wegen (Filmteil 3) noch vor deren Ausstrahlung feuerte, sagte mir, daß man nur unter Verschleierungsmanövern eine Ratte zur Gewinnung von Gewebeproben oder zu Kontrolluntersuchungen töten dürfe, weil jeder Tierversuch den Statuten der Bruderschaft zuwiderlaufe.
Gleichwohl wird dieses Institut zumindest in seiner Zielsetzung und in der ethischen Ambition seiner Mitarbeiter, Versuchstierleid aus der Welt zu schaffen, von der Bundesregierung und von FRAME durchaus und mit Recht respektiert. Beide luden Salem sowohl nach London als auch zur DVG-Tagung nach Oberschleißheim ein. Ich hörte indessen die Salem-Leute, falls sie überhaupt anwesend waren, weder dort noch hier ein Wort sagen, obwohl auf beiden Tagungen ausführlich über die Ersetzbarkeit der Tierversuche gehandelt wurde. Wo, wenn nicht an diesen Orten, hätte der Erfolg, den Ilja Weiss zu verbreiten nicht müde wird, ausgebreitet werden sollen?
Es sei dem Journalisten Weiss das Buch von Dr. H. Smyth (The Scolar Press, London) empfohlen: *Alternatives to Animal Experiments.* Seine Schlußfolgerungen, sagt schon der Verlag warnend, würden weder den Anti-Vivisektionisten noch den mehr konservativen Wissenschaftlern gefallen: Alternative Techniken zum Tierversuch hätten ihren Wert, aber letztlich seien wir für unsere Sicherheit auf den Gebrauch von Tieren angewiesen. Die Liste derjenigen Fachwissenschaftler, die diese Position teilen, ist nun in der Tat endlos. Die Wahrheit liegt, wie immer und wie banal, in der Mitte, dort, wo Reisende in Ideologie nie Halt machen.
Die Medizinisch-Pharmazeutische Studiengesellschaft (MPS), Frankfurt, schrieb mir: «Mit Ilja Weiss hatten wir selbstverständlich auch Kontakt. Dabei stellte sich schnell heraus, daß er an einer wissenschaftlichen Diskussion nicht interessiert war.»
Die Gesellschaft ist industrieeigen und damit ist sie nach dem Credo der Stiller, Weiss und Ruesch dem rücksichtslosen Profitstreben, sprich der Lüge verfallen. So einfach ist das.
Wann endlich hört dies sterile Freund-Feind-Denken auf? Es hat, das muß man sagen, auch die Wissenschaft befallen. Es ist darum auch an ihr, einen neuen Versuch, einen neuen Gang mit ihren Gegnern, soweit sie ernstzunehmen sind, zu versuchen.

5 Pressestimmen

FRANKFURTER ALLGEMEINE ZEITUNG

«Horst Stern beschäftigte sich in seinem Film ‹Bemerkungen über das Tier in der Pharmaforschung›, von dessen Vorbereitungen man seit langem wußte, mit dieser Frage. Er leistete mit dem guten und nüchternen Bericht, mit dem er die in den letzten Jahren an seinen Arbeiten manchmal vermißte Qualität seiner ersten Filme wieder erreichte, einen wichtigen Beitrag zur Diskussion um das Tier in der biomedizinischen Forschung.

Daß mit Versuchstieren vielfach unverantwortlich und gedankenlos umgegangen wird, daß viele unnötig leiden oder geopfert werden, weiß jeder Zoologe, jeder Tierschützer, und es ist eine Selbstverständlichkeit, daß dies bekämpft werden muß. Doch Stern hat gut daran getan, nicht die außerhalb der Gesetze stehenden Greuel zu zeigen, sondern über den Alltag in der Pharmaforschung eines verantwortlich geführten Konzerns zu berichten.

Daß es auf diesem Gebiet, wie in jedem Beruf, auch Mißstände gibt, liegt auf der Hand, und gegen sie muß aufs schärfste vorgegangen werden. Doch eine globale Verteufelung der Verwendung von Versuchstieren erschwert nur den differenzierten Kampf gegen den Mißbrauch auf diesem Gebiet. Die Frage, ob man mit gutem Gewissen Medikamente nehmen kann, deren Entwicklung mit dem Leiden von Tieren erkauft wurde, täuscht Edelmut vor, denn es geht in den seltensten Fällen um das eigene Leiden, sondern fast immer um das der Mitmenschen.

Den ‹Bruder Tier› – um wie Horst Stern zum Schluß den hl. Franziskus zu zitieren – über den ‹Bruder Mensch› zu stellen, ist eine geistige Perversion, bei der gerade Franziskus sicher nicht mitgemacht hätte.»

Beatrice Flad-Schnorrenberg

DER TAGESSPIEGEL, Berlin

«In seiner Diktion verrät Stern die ganze Fragwürdigkeit seiner aufklärerischen Mission. Er spricht vorwurfsvoll von Streicheltieren, gemeint sind Hunde und Katzen, über deren Leiden im Labor wir uns aufregen, und Ekeltieren, also Ratten und Mäusen, deren Folterqualen uns relativ ruhig lassen. Und er kann es nicht lassen, uns immer wieder auf den vermeintlichen Widerspruch zwischen dem Tierexperimentator im Labor und in seiner häuslichen Idylle aufmerksam zu machen. Aber ist beides nicht selbstverständlich? Ist es denn verdammenswürdig, wenn der Mensch zu seinen Haustieren eine innigere Beziehung hat als zu solchen, die er für schädlich hält? Und soll ein Mann, der des Tags an Tieren schmerzhafte Eingriffe vornimmt, nicht mit seinen Kindern spielen oder Schallplatten sammeln oder Pferde züchten?»

DER ABEND, Berlin
«Stern hat es sich nicht leicht gemacht, und er war den Ärzten und Forschern gegenüber, mit denen er zusammentraf, ein kritischer, aber fairer Partner. Er sprach stets offen aus, was ihn beunruhigte. Er hielt nicht zurück mit berechtigten Skrupeln und Zweifeln. Dabei stets um Objektivität bemüht und um Gleichberechtigung der Pro- und Contra-Argumente. Er war ein unbequemer, aber immer offener Frager.
Er zerstörte die böse Legende von den skrupellosen ‹Frankensteins› der Medizin, ohne zu übersehen, daß es Leute gibt, denen man das allzu bedenkenlose Mißhandeln wehrloser Kreaturen untersagen müßte.»

BERLINER MORGENPOST
«Stern stellt die Frage nach dem Sinn solcher Tierversuche. Er zitiert – scheinbar objektiv – pro und contra. Doch er ist eben Horst Stern, der engagierte, oft kompromißlose Tierschützer. Und das merkt man. Das Thema überfordert seine Objektivität.
Daß Jahr für Jahr Millionen von Versuchstieren durch die Brutalität wissenschaftshöriger Sadisten ebenso qualvoll wie sinnlos verenden, ist nicht seine Behauptung, aber er zitiert sie – und schürt damit Emotionen. Und läßt Bilder folgen, die der Anklage recht zu geben scheinen.
Mit ein wenig Fingerspitzengefühl hätte Stern die Gefahr erkennen müssen, daß solche Einzelaussagen leicht zur Verallgemeinerung führen.
Doch dieses Fingerspitzengefühl besitzt er wohl eher Tieren gegenüber: Die den Bildschirm füllenden Aufnahmen röchelnder Herzinfarkt-Patienten und grauenhafter Krebsgeschwüre an menschlichen Körpern waren völlig überflüssig. Er steigert damit nur die Angst jener, die sich vor solchen Leiden fürchten – und wird unversehens selber zum Sadisten.»

Syna

SÜDDEUTSCHE ZEITUNG, München
«‹Versuchen Sie nicht, den Menschen mit Hilfe von Medikamenten an eine kaputte Umwelt anzupassen›, fragte Horst Stern einen Manager von Ciba-Geigy am Schluß der ‹Bemerkungen über Tiere in der Pharmaforschung›, und ob 2,8 Milliarden Umsatz im Jahr nicht ein ‹schönes Geschäft› bedeuteten. Zuvor hatte der Autor dem Zuschauer an drei Abenden die nüchterne Brutalität einer sterilen Laborwelt gezeigt, in der, streng nach den Richtlinien des Tierschutzgesetzes und ‹zum Wohl des

Menschen› Millionen von Mäusen, Ratten, Katzen, Hunden und Affen ‹verbraucht› werden. Stern war am Ende ratlos, deprimiert von dem, was er in den Instituten über Monate hinweg gefilmt, gesehen und gehört hatte.
Daß es Tierversuche in der Medizin geben muß, wenn man dem Menschen helfen will, wurde nicht in Frage gestellt und mit erschütternden Bildern schwerkranker und sterbender Menschen unterstrichen. Damit hat sich Stern sicher manchen Tierfreund zum Feind gemacht.
Daß aber in den Labors der pharmazeutischen und kosmetischen Industrie eine Unzahl von Tieren für fragwürdige Experimente geopfert werden; daß für ein neues Medikament Tausende von Katzen in der ‹wissenschaftlichen Sackgasse eines Marktsystems enden, das nicht einmal den Menschen verschont›, daß trotz aller Tierversuche sich ‹Pharmakatastrophen› (Stichworte ‹Contergan›, ‹Mexaform› in Japan) nicht verhindern lassen; daß trotz aller Tierversuche die Zivilisationskrankheiten zunehmen, solange ihre Ursachen nicht beseitigt werden können, das alles wurde ebenso deutlich gezeigt. Kaltes Grausen überfiel den Zuschauer, wenn er hörte, wie in den Labors der pharmazeutischen Industrie mit Begriffen wie ‹Geisteskrankheit›, ‹Schwermut› oder ‹Seele› umgegangen wird. Hier wurde ganz klar, wie fragwürdig Tierversuche sind.»

ABENDZEITUNG, München
«Nach dem 3. Teil von ‹Sterns Stunde› (ARD) über Tiere in der Pharmaforschung stehen wir endgültig als Frankensteins Erben da: Eine so verachtungsvolle Bilanz menschlicher Denkfaulheit und Inkonsequenz hat er uns selten um die Ohren gehauen. Sterns großer Vorzug ist, daß er niemandem nach dem Munde redet und keine Schaumgummipolster mitliefert, wenn er Prügel austeilt. Wie wenig jedoch bei der Frage ‹Tierversuche oder nicht› eindeutig ‹Schuldige› zu verprügeln sind, spürte man an der Relativierung, Distanz und abwägenden Vernunft, mit der Stern die emsig experimentierenden Schweizer Veterinär-Mediziner zwar als selbstgerechte akademische Erfolgsbürger ins schiefe Licht rückte, aber gleichzeitig auch den wehleidig lamentierenden Schoßhund-Tierschützern das Wasser abgrub.
Stern gab keine wohlfeilen Antworten. Aber sein Fazit ließ an brutaler Skepsis nichts zu wünschen übrig: Solange der Zivilisationskrüppel Mensch so lebt, wie er lebt, braucht er den Tierversuch, um zu überleben. Und da er zu dumm und zu faul ist, sich zu ändern, wird sich nichts ändern. Das klingt glaubhaft, und das wär's dann.»

DIE WELT, Bonn
«Merkwürdigerweise wagte der Tierfreund Stern am Ende kein klares Urteil. Dabei ist es jedem, der diesen Film von Anfang bis Ende sah,

geradezu physisch bewußt geworden, daß die moderne Menschheit durch die luxurierende Ausschweifung und kaltschnäuzige ‹Wissenschaftlichkeit› ihrer Tierversuche ein kolossales kollektives Verbrechen begeht, für das die Natur sie eines Tages zur Rechenschaft ziehen wird. Es wäre jedenfalls merkwürdig, wenn es nicht so weit käme.» *Günter Zehm*

DIE WELTWOCHE, Zürich

«Es ist so: Was Versuchstieren angetan wird, ist zum Teil grauenhaft. Wie wir global gesehen mit den Wildtieren umgehen, ist ebenso grauenvoll. Mit Recht erregen wir uns über dieses Grauenvolle. Es ist aber weder recht noch billig, sondern scheinheilig und verlogen, wenn wir nun versuchen, die Schuld auf einzelne Institutionen und Unternehmen abzuschieben. Schuld am Grauenvollen sind wir alle, als Konsumenten, Produzenten, Wissenschaftler, Politiker und Regierende.

● Als Konsumenten fordern wir ständig technologische Zaubermittel zur Verbesserung unseres Befindens und sogar der Welt und zur Demonstration unseres Status, lassen uns aufstacheln zu neuen Ansprüchen.

● Als Produzenten und Lieferanten reizen wir an zu Ansprüchen, befriedigen diese mit immer neu entwickelten Produkten.

● Als technologisch orientierte Wissenschaftler erforschen und erproben wir Wege zu neuen ‹Errungenschaften›. Die Wirklichkeit behandeln wir als Modell, als beliebig verfüglich.

● Als Politiker und Regierende beweisen wir Konsumenten, Produzenten, Wissenschaftlern ..., daß wir uns ständig um sie sorgen, daß unsere Wahl oder Wiederwahl am besten das garantiert, was alle erstreben: Wohlfahrt durch Fortschritt.

Daß dieser Fortschritt das Grauenvollste mit sich bringt – für die höheren Tiere, für alle lebendige Natur, alle naturnahen Lebenssysteme und schließlich alles höher entwickelte irdische Leben überhaupt –, diese Einsicht verdrängen wir.

Gewiß, es gibt heute Naturschutz- und Tierschutz-Bestrebungen. Aber wenn sich keine neue, echte Solidarität entwickelt, Solidarität im Tragen der Schuld für das Grauenvolle, Solidarität im Einhalten von Grenzen in unseren Ansprüchen und im Verfügen über das außermenschliche Leben, dann hat unsere Erregung nichts erreicht.»

DIE ZEIT, Hamburg

«Wohl kein anderer Journalist als Horst Stern ist besser qualifiziert, das heikle Thema anzupacken. Stern tat dies mit der ihm eigenen Gründlichkeit und produzierte eine Trilogie, die sich, wie er in seinem ausgewogenen Vorwort betonte, nur auf die Pharmaforschung konzentriert.

Wer freilich sadistische Greuel, bluttriefende Frankensteins erwartete, wurde enttäuscht. Mit kühlem Kameraauge und sparsamen Kommenta-

ren ließ Stern die Experimentatoren injizieren und operieren, immer den oft schwyzerdütsch eingefärbten Originalton dabei. Die Anklagen lieferten, stellvertretend für die Anti-Vivisektionisten, die eingeblendeten Textauszüge des Hannoveraner Neurologen-Ehepaars Herbert und Margot Stiller.
‹Wie glaubwürdig ist unser Protest, wenn wir ihn als Gesunde äußern, aber im Ernstfall auf die Medizin zurückgreifen?› summierte Stern sein, unser aller Dilemma. Gewiß, die künstlich krankgemachten Karnickel, Hunde und Minischweine erwecken Mitleid. Doch Horst Stern, diesmal noch mehr als sonst vom Ernst, ja von der Tragik der Probleme bedrückt, scheute sich nicht, auch die andere Seite des Schreckens zu zeigen: Die Frau mit der krebszerfressenen Brust, der stumm schreiende Mund des Arteriosklerotikers. Diese Erde ist kein Garten Eden und niemand hat den Schlüssel zum Paradies.» *Günter Haaf*

DER SPIEGEL, Hamburg
«Mit seinem Film über die tierischen ‹Stellvertreter›, die zum Wohle der Menschheit leiden und sterben, bezieht nun auch Stern Stellung in einer Auseinandersetzung, die seit geraumer Zeit mit wachsender Erbitterung ausgefochten wird: Tierschützer in aller Welt fordern die Einstellung aller Tierexperimente, deren geringer Nutzen, wie sie behaupten, die Qualen der gepeinigten Kreaturen nicht mehr rechtfertige.
Daß der ‹Tierverbrauch› in der Forschung (jährlich weltweit rund 200 Millionen Mäuse, Ratten, Hunde oder Affen) in jüngster Zeit rapide gewachsen ist, der wissenschaftliche Ertrag dagegen eher stagniert, wenn nicht gar sinkt – diesen offenbaren Widerspruch registriert auch Filmautor Stern. Den rigorosen Anklagen der Tierschützer mag er sich gleichwohl nicht anschließen.
Zwar präsentiert er Forscher, die das heikle Verhältnis zu ihren Versuchstieren sichtlich mehr verdrängt als durchdacht und verarbeitet haben.
Und für entbehrlich hält er etwa Versuche, bei denen Kosmetika an jungen Kaninchen erprobt werden. Doch bei der Suche nach ‹einer ehrlichen Antwort auf die Frage, ob wir denn bereit sind, Schmerz und Krankheit zu erleiden, damit die Tiere nicht stellvertretend für uns leiden müssen›, gilt sein Mitgefühl zu gleichen Teilen den Versuchstieren und den menschlichen Patienten, die von den gepeinigten Laboropfern möglicherweise profitieren können.
So wird der Kampf zwischen Tierschützern und Wissenschaftlern wohl weitergehen. Horst Stern – ‹Differenzierung tut not› – weiß, daß er sich zwischen die Fronten begeben hat.»

STUTTGARTER ZEITUNG
«Und wiederholen muß man, was Stern schon im voraus zu seinen Sen-

dungen gesagt hat: Die Tierversuche in Universitätsinstituten ergänzen diese private Forschung noch (und bleiben weitgehend unkontrolliert von außen), und in die Laboratorien für die militärische Forschung sieht sowieso niemand hinein – dort spielt dann auch das Geld keine Rolle mehr, und der Zweck der Tiervernichtung ist sowieso die Menschenvernichtung; wer wollte da noch Rücksicht nehmen?
Daran gemessen ist das Laboratorium, in dem Tiere krank gemacht und getötet werden, damit wenigstens Menschen leben können, geradezu ein Glücksfall, und wir werden uns damit abfinden müssen, daß sie ein Bestandteil unserer Zivilisation wie das Schlachthaus sind. Das auch optisch bewußt gemacht zu haben, ist Sterns Verdienst. Denn es bedarf durchaus des öffentlichen Bewußtseins dieser Tiernot, um den Experimentatoren ihre Grenzen zu zeigen.
Ob die Firma Ciba-Geigy wohl heute bereut, ihre Tore für das Fernsehen geöffnet zu haben? Wahrscheinlich. Dennoch sei der Firma gedankt, weil sie ohne Zweifel mitgeholfen hat, die emotionsgeladene Diskussion zu versachlichen. Auch die Leute, die alles Heil von der Gewebekultur erhofft hatten, mögen jetzt stöhnen – aber vielleicht glauben sie nun endlich, was eine keineswegs bösartige Fachwelt ihnen bisher immer entgegnet hatte: ohne ein Minimum an Tierversuchen geht es in der Arzneimittelforschung nicht. Wenigstens nicht bei unseren Ansprüchen an das Leben.»
Georg Kleemann

STUTTGARTER NACHRICHTEN
«Das Schockierende an einer Sendung wie ‹Bemerkungen über Tiere in der Pharmaindustrie› sind nicht die Bilder von Tierkadavern, Operationsunternehmungen zur künstlichen Krankheitserzeugung oder von krebszerfressenen, dem Herztod nahen Menschen; das wirklich Ernüchternde daran war, wie es Stern gelang, einleuchtend den Konflikt bewußt zu machen, dem Forscher, Konsumenten und Tierliebhaber gleichermaßen ausgeliefert sind: Mit welchen Opfern wir uns ein statistisch gesehen längeres, von Krankheiten weniger gequältes Leben erkaufen dürfen.
Sterns Filmarbeit überzeugt durch ihre Argumentationsführung und die bestechende Schärfe der Folgerungen, durch das protestrisikoreiche Verweisen auf die Lügen und Löcher in diesem System der Glückseligkeitspropaganda. Schlimm ist nur, daß wir auf die Dauer Stern zur Stimme unseres schlechten Gewissens degradieren könnten, zufrieden darüber, daß es so etwas im Fernsehen wenigstens noch gibt.»

HÖRZU, Hamburg
«Das Herz krampfte sich zusammen: Versuchstiere in Laboratorien der Industrie. Operiert, infiziert, vergiftet, geschunden, gequält und dann

doch grausam getötet. Eine geballte Ladung von Leiden. Horst Stern führte sie beim Auftakt seines Dreiteilers über Tiere in der Pharmaforschung vor. Ein vielleicht notwendiger Beitrag. Wird hier doch ein Vorhang vor Experimenten zerrissen, die im Dienste der Menschen (!?) stehen sollen. Doch Sterns Bilder in der Nacht sind für Tierfreunde und sensible Zuschauer unerträglich und keineswegs so diskret, wie er sie ausgab. Sie erzeugen, wenn auch noch des Autors Reibeisenstimme darüberfährt, emotionale Schübe. Von einer Versachlichung und Differenzierung des Themas kann keine Rede mehr sein (ARD).» *Hans F. Cords*

GONG, München
«Franz von Assisi ginge nicht in unsere Apotheke: Horst Stern sagte es nicht empört, eher traurig. Sein Thema gab Anlaß genug: Qualen von Tieren im Streit der Meinungen, sichtbar vor allem im Kontrast zu konkreten Bildern menschlichen Leides. Es ist Horst Stern hoch anzurechnen, daß er nicht nach Greueln jagte, sondern sachlich und genau ein Stück ‹Tierleben› sezierte, das sich bislang hinter verschlossenen Türen abspielte. Unter dem Bemühen, möglichst alle Aspekte der brisanten Thematik zu erfassen, litt zwar die filmische Qualität des Dreiteilers, nicht aber dessen Wirkung.» *WS*

dpa, Hamburg
«Als ‹besonders verdienstvoll› bezeichnete es der Leiter der Tierhaltung des Darmstädter Pharmaunternehmens ‹Merck›, Dr. Gotthard Jochmann, daß es der Autor in seinem Beitrag nicht vergessen habe, den direkten Bezug zwischen dem Tierversuch und den Behandlungsmöglichkeiten bei Erkrankungen und Unfällen des Menschen darzustellen. Dieser Gesichtspunkt werde allzu oft von Gegnern der Tierversuche entweder aus ‹Ignoranz oder wider besseres Wissen› nicht erwähnt.
Angesichts der ‹bedrückenden› Bilder aus den Tierlabors erwartet der Vorsitzende des Hamburger Tierschutzvereins, Otto Kertscher, daß sich unter dem Druck der Öffentlichkeit die Verantwortlichen aus Industrie, Forschung und Politik gemeinsam mit den Tierschützern zusammensetzen werden, um bei dem ‹riesigen Verschleiß› an Tieren wenigstens die ‹unnötigen Fälle› auszumerzen.»

MEDIENKRITIK
«Sterns Geschäft mit Tieren ...»

MANNHEIMER MORGEN
«Es war kein leidenschaftlicher Appell ans Herz, keine ungehemmte Kritik, vielmehr sachliche Schilderung eines Zustandes. Gerade das jedoch hinterließ nachhaltigen Eindruck, machte betroffen und gab Anlaß

zum Nachdenken darüber, was auf diesem Sektor im Namen der Wissenschaft geschieht, ob es geschehen darf. Eindeutig dafür oder dagegen zu sein, ist nicht möglich, wohl aber sollte der Maßlosigkeit ein Riegel vorgeschoben werden.»

SÜDWESTPRESSE, Ulm

«Daß ‹Sterns Stunde› als vorläufig letzter Höhepunkt einer jahrelangen Auseinandersetzung über Wert und Unwert von Tierexperimenten nicht der ganzen Nation die Zornesröte ins Gesicht trieb, lag an Horst Stern selber. Er, der in der Regel keine Ohrenschützer mitliefert, wenn er Prügel austeilt, ging dieses Mal mit viel Relativierung, Distanz und Vernunft zu Werke.»

MODERNE MEDIZIN

«Die Frage = Antwort Horst Sterns: ‹Wieviel Elend muß es denn sein?›, durch die drei Filme hervorragend aufgebaut, ist – neben noch anderem, das mitschwingt – meiner Meinung nach in erster Linie eine massive Kritik am luxurierend ausschweifigen und damit krankmachenden Leben des modernen Menschen, für das das Tier letztlich mitbüßen muß, allerdings ohne zu übersehen, daß es eine Fülle von Krankheiten gibt, die sich der individuelle Mensch nicht allein selbst eingehandelt hat. Der Tierfreund Horst Stern hat sich dadurch seine selbst gestellte Aufgabe, dem modernen Menschen die Augen über sich selbst zu öffnen und ihn über das Leiden der Kreatur zu veranlassen, über sich selbst nachzudenken, nicht leicht gemacht, und auch nicht seine Antwort auf die quälende Problematik. Leicht wäre es gewesen, mit den direkt verantwortlichen Wissenschaftlern ins Gericht zu gehen. Er hätte alle Zuschauer auf seiner Seite gehabt, die gleichen Menschen, die am nächsten Tag vielleicht drei Schweinekoteletts gegessen und zugleich Tabletten gegen Hypercholesterinämie eingenommen haben.»

DARMSTÄDTER ECHO

«Horst Sterns dreiteiliger Beitrag über Tierversuche des Schweizer Pharmakonzerns Ciba-Geigy ist alles andere als eine Sternstunde des kritischen Journalismus. Und wenn sich die Zuschauer wider Erwarten doch noch aufregen sollten, dann wohl nur aus Enttäuschung über Horst Stern.

Das Geld für die drei Sendungen* hätte der Süddeutsche Rundfunk getrost sparen können – seine Selbstdarstellung kann der Schweizer Pharmakonzern schließlich aus eigenen Kräften finanzieren.» *Ilja Weiss*

* Diese Kritik erschien am 26. Oktober 1978, morgens. Die mitkritisierten Filmteile 2 und 3 liefen am 26. und 27. 10. nachts.

6
Tierverbrauch: Zahlen und Trends

Die Zeitschrift *Laboratory Animals* veröffentlichte 1978 (12, 235–242) die folgende, von 1956 bis 1976 reichende Zahlenübersicht über internationalen Tierverbrauch. Bemerkenswert daran ist zweierlei: 1. Die Bundesrepublik taucht mangels einer amtlichen Statistik nicht auf. 2. Die Übersicht stammt von FRAME (Fund of Replacement of Animals in Medical Experiments, 312 a Worple Road, London SW20, 8QU), einer wissenschaftlich arbeitenden Tierschutzorganisation, die sich in enger Zusammenarbeit mit Wissenschaftlern aus Regierung, Forschung und Industric um dic Förderung und Verbreitung von Ersatzmethoden für den Tierversuch bemüht; FRAME kann darum wohl als glaubwürdig dafür gelten, daß aus den großen Zahlen mindestens der Amerikaner für Hunde und Katzen, aber auch für Primaten, deutlich wird, daß die steile Zuwachsrate zwischen den Jahren 1945 und 1968 ein Plateau erreicht hat und bei manchen Tierarten wieder abgesunken ist.

Die deutschen Tierversuchsgegner und ihre Wortführer sind von der wissenschaftlichen Seriosität FRAMES leider weit entfernt. Sie argumentieren in den Tatsachen chaotisch, im Stil diffamierend und ziehen die Diskussion vor Laienpublikum einer sachlichen Auseinandersetzung mit Fachwissenschaftlern am Ort der Tierversuche vor. Eine wissenschaftliche Institutionalisierung des Tierschutzgedankens fehlt bei uns, soweit ich sehe, völlig; sie beschränkt sich auf gelegentliche Geldpreisverleihungen aus FelixWankel-Mitteln an Wissenschaftler, deren Arbeit man als dem Tierschutz förderlich interpretiert. Es kommt darüber unter den Beteiligten nicht selten zum Streit, wie denn überhaupt ein Großteil der Tierschutztätigkeit in Deutschland in Vereins- und Personenstreitigkeiten, die die Gerichte beschäftigen, verbraucht wird. Von hier wird den Versuchstieren das Heil nicht kommen. Wer beleidigt, macht aus Freunden Feinde.

Prof. Dr. K. Gärtner, der Leiter des Zentralen Tierlabors der Medizinischen Hochschule Hannover, dem ich diese Übersicht verdanke, schrieb mir dazu: «Ich möchte mit dieser Information die Problematik zwischen Tierschutz und Tierversuch nicht relativieren und kann es auch nicht, da die Tierschutzidee schließlich an jedem einzelnen Tier ansetzt.»

Zahlen von Primaten und anderen Tieren, die in biomedizinischen Experimenten verschiedener Länder gebraucht wurden:

		Nager und Hasentiere	Hunde und Katzen	Primaten
Australien	1971	802 000	3 500	
Belgien	1969	580 000	2 300	1 000
Kanada	1971–3	1 774 000	33 600	5 130
Finnland	1956	134 000	180	
	1971	165 000	250	
Frankreich	1957	1 064 000	4 900	3 500
	1963	1 174 000	14 500	700
	1970	4 394 000	23 800	1 900
	1975			
	1976			
Indien	1957	264 000	1 500	1 900
	1965	804 000	8 900	2 500
	1968	964 000	9 100	2 500
	1970	1 057 000	7 700	1 100
	1971	783 000	9 900	1 400
Israel	1957	353 000		
	1969	545 000		
	1971	300 000	2 700	
Japan	1956	1 578 000	37 600	100
	1960	3 104 000	65 000	5 400
	1970	13 070 000	82 000	3 500
Norwegen	1956	20 800	90	
	1971	92 000	650	100
Polen	1959	184 000	2 900	500
	1963	333 000		
	1967	385 000		
Schweden	1956	171 000	1 400	60
	1960	429 000	7 200	4 500
	1968	819 000	7 700	2 500
	1970	868 000	7 800	1 500
Großbritannien	1956	2 288 000	12 340	1 900
	1972	5 025 000	23 000	6 600
USA	1965	35 600 000	124 000	63 000
	1967	38 800 000	508 000	70 000
	1968	39 400 000	581 000	85 000
	1969	50 300 000	535 000	68 000
	1970	37 700 000	239 000	54 000
	1971	42 300 000	268 000	57 000
	1975		205 928	36 202
	1976		293 331	52 083

Es ist indessen zu vermuten, daß dieser hoffnungsvolle Trend in Richtung auf eine Verringerung der Tierversuchszahlen nicht nur nicht beständig sein, sondern, im Gegenteil, erneut steil nach oben ausschießen wird. Es mehren sich international die Gesetzesinitiativen, die eine Prüfung aller neu in den Verkehr gebrachten und schon auf dem Markt befindlichen chemischen Wirkstoffe auf ihre gesundheitliche Unbedenklichkeit für Mensch, Tier und Pflanze verlangen.

Hier einige Kernsätze aus dem Umweltgutachten 1978 der Bundesregierung, veröffentlicht als Drucksache 8/1938 des Deutschen Bundestages, 8. Wahlperiode (Hervorhebungen im Text vom Verfasser):
«Die Schwellenwerte für die wirksame Konzentration eines Schadstoffes im Organismus können von Individuum zu Individuum in weiten Grenzen verschieden sein. Auch die Schwellenwerte eines einzelnen Individuums dürften, je nach körperlicher Verfassung, nicht immer gleich sein. Eine der Hauptaufgaben der Toxikologie ist es, die Abhängigkeit der Toxizität von Schadstoffen von den jeweils aufgenommenen Dosen zu untersuchen. *In der Regel ist dies nur im Tierversuch möglich.* Von den Ergebnissen dieser Versuche ausgehend, muß dann auf möglicherweise beim Menschen vorkommende Wirkungen geschlossen werden.»

Dr. Fritz Frank, Biologische Bundesanstalt für Land- und Forstwirtschaft (Braunschweig), schrieb mir dazu: «Wenn es nach dem Willen der von uns allen aufgerüttelten Öffentlichkeit geht, dann werden wir demnächst ein ‹Umweltchemikaliengesetz› bekommen, das alle neu auf den Markt kommenden Chemikalien einer grundsätzlichen Unbedenklichkeitsprüfung unterwirft und die schon stattfindenden Prüfungen verschärft. Dies bedeutet eine enorme Ausweitung, ja wahrscheinlich Vervielfachung der Tierversuche mit entsprechender Reaktion der Tierschützer. Mehr Umweltschutz bedeutet also mehr Tierquälerei, eine apokalyptische Situation, die wohl unweigerlich Krieg innerhalb der Umweltschutzbewegungen impliziert.»

«Mit jedem Stoff lassen sich im Experiment Giftwirkungen erzielen, wenn er hoch genug dosiert wird. Die Feststellung solcher Wirkungen besagt daher wenig, wenn nicht die Dosen etwa ebenso hoch (bzw. niedrig (waren wie die, die vom Menschen aus der Umwelt aufgenommen werden. Wenn dies der Fall war, dann kann auf Wirkungen beim Menschen auch nur unter der Voraussetzung geschlossen werden, daß der Mensch gegen die untersuchte Substanz gleich empfindlich ist wie die verwendeten Versuchstiere. *Ob diese Voraussetzung zutrifft, ist derzeit mit wissenschaftlichen Methoden kaum zu bestimmen.»*

«Das gebräuchliche Maß der akuten Toxizität eines Stoffes ist die mittlere tödliche Dosis (*dosis letalis* 50 oder LD 50), bei der zu erwarten ist, daß die Hälfte der behandelten Versuchstiere innerhalb einer festgesetzten Zeit stirbt.»

«Über die Empfindlichkeit des Menschen gegen im Tierversuch krebserzeugende Stoffe sind oft nur Vermutungen möglich. Wenn jedoch etwas gegen krebserzeugende Stoffe getan werden soll (und dies muß ohne Zweifel der Fall sein), bevor ihre Wirkung beim Menschen nachgewiesen ist, *muß von den Ergebnissen der Tierversuche ausgegangen werden.*»
Die eigentliche Tragik der uns ins komfortable Haus stehenden Explosion der Tierversuchszahlen besteht darin, daß Millionen von Tieren aller Arten bis hinauf zum Menschenaffen unter Qualen ihr Leben im Gifttod werden lassen müssen, ohne daß uns davon eine sehr viel größere Sicherheit im Umgang mit Chemikalien kommen dürfte.
Ich zitiere in diesem Zusammenhang (Krebsgefahr durch Umweltgifte) den angesehenen amerikanischen Toxikologen Dr. Bruce Ames, der im September 1977 vor dem Rat des Nationalen Krebsinstituts (NCAB) als Folge des Chemiebooms eine «Krebskatastrophe» voraussagte. Die moderne chemische Welt habe uns bis jetzt nicht voll getroffen und werde das auch nicht vor 1980 oder 1990 tun. Zu dieser Zeit sei eine «Krebsepidemie» wahrscheinlich; es brauche einen Zeitraum von 20 bis 30 Jahren zwischen der Aufnahme von krebserregenden Schadstoffen bis zum Ausbruch der Krankheit. Ames: «Die Krebssituation in den USA dürfte erst einmal schlimmer werden, bevor sie besser wird.»

Die Bundesregierung mußte in der Antwort auf eine parlamentarische Anfrage bekennen, daß sie über keinerlei Zahlenmaterial zum Versuchstierverbrauch der deutschen pharmazeutischen Industrie verfüge und auf Schätzungen angewiesen sei. Ich veröffentliche hier die Zahlen der führenden deutschen Pharmahersteller für das Jahr 1977, teilweise auch für 1976. Sie stammen von den Firmen selber und wurden mir auf Anfrage binnen drei Wochen zur Verfügung gestellt. Angesichts der Größe dieser Firmen sind Manipulationen auszuschließen.
Die Angaben lassen erkennen, daß zumindest bei den Katzen und Hunden die Verbrauchszahlen rückläufig sind. Bayer lieferte mir eine Graphik, die auf der Basis von 1970 beruht und ausweist, daß der Tierverbrauch sowohl bei den Nagern (Mäuse, Ratten, Meerschweinchen) wie auch bei den Kaninchen, Katzen und Hunden prozentual stetig sinkt. Die Gründe, die Bayer dafür nennt, sind bei den Zahlen nachzulesen.
Mit Ausnahme der Bayer AG, die unaufgefordert auch ihre Gesamtzahl mitteilte, betreffen die Zahlen der anderen Firmen im wesentlichen die

Pharmaforschung und die Toxikologie. Insofern wird hier nur ein Bild des Tierverbrauchs im Dienst der medizinischen Forschung (und dies auch nur im Teilbereich Pharma) gezeichnet. Ich bin aber überzeugt davon, daß jeder seriös vorgetragene Wunsch, vor allem seitens der Bundesregierung, an die Adresse der tierexperimentell arbeitenden privaten Forschung, gleichgültig welcher Richtung, zu zuverlässigen Zahlenangaben führen würde. Das für den Tierschutz zuständige Bonner Landwirtschaftsministerium unter Josef Ertl müßte nur wirklich wollen. Die mit Spekulationen geführte öffentliche Debatte um diese Zahlen ließe sich rasch versachlichen, wenn endlich genauere Zahlen auf den öffentlichen Tisch kämen.

Die Zahlen stellen den Tierverbrauch des Werkes Hoechst, des Hoechst Werkes Albert, Wiesbaden, und des Radiochemischen Laboratoriums, Griesheim, dar.
Hoechst legt Wert auf folgende Feststellung: Ein großer Teil dieser Tiere wird in Versuchen eingesetzt, die nicht mit Schmerzen oder Leiden verbunden sind. Fast alle Hunde und Katzen werden vor dem eigentlichen Versuch narkotisiert und wachen nicht wieder auf. Großtiere wie Ferkel, Schafe, Bullen, Kühe, Kälber werden in Fütterungsversuchen eingesetzt. An Affen werden im wesentlichen Verträglichkeitsversuche durchgeführt. Die Pferde dienen ausschließlich zur Serumgewinnung.
Was die zugekauften Tiere anbetrifft, so stammen auch diese großenteils aus Zuchten. Dies gilt für Mäuse, Ratten, Meerschweinchen und Kaninchen. Ein Teil der Katzen stammt aus einer SPF-Zucht aus England. Die stark rückläufige Tendenz des Ankaufs von Hunden hat sich auch im Jahre 1978 fortgesetzt.

Hoechst AG (Pharma-Forschung)

Zahl der 1977 gezüchteten und angekauften Versuchstiere
(in Klammern 1976)

	Zucht	Kauf	Gesamt
Mäuse	252537 (242905)	153765 (148140)	406302 (391045)
Ratten	89821 (85573)	78421 (86267)	166824 (171840)
Meer-schweinchen	7564 (8731)	470 (1735)	8034 (10466)
Kaninchen	6449 (7598)	3138 (458)	9587 (8056)
Hunde	853 (1436)	1955 (2694)	2808 (4130)
Katzen	– (176)	1294 (789)	1294 (965)
Baumwollratten	1430 (1780)	– (–)	1430 (1780)
Goldhamster	8607 (9065)	130 (215)	8737 (9280)
Hühner	– (–)	1243 (1514)	1243 (1514)
Küken	– (–)	43850 (50902)	43850 (50902)
Affen	– (–)	22 (62)	22 (62)
Ferkel	– (–)	989 (845)	989 (845)
Wachteln	– (–)	270 (455)	270 (455)
Schafe	– (–)	455 (290)	455 (290)
Bullen	– (–)	129 (129)	129 (129)
Kühe	– (–)	34 (45)	34 (45)
Kälber	– (–)	67 (1)	67 (1)
Pferde	– (–)	1 (2)	1 (2)
Tauben	– (–)	96 (159)	96 (159)
Kanarienvögel	– (–)	167 (–)	167 (–)
Putenküken	– (–)	700 (–)	700 (–)
Fische	– (–)	2770 (2572)	2770 (2572)
Ziegen	– (–)	17 (12)	17 (12)
Zwergschweine	– (–)	(–) (5)	(–) (5)

BOEHRINGER (Ingelheim und Mannheim) und THOMAE

		Pharmakologie				Biochemie				Experimentelle Pathologie und Toxikologie			
		Boeh-ringer	Eigen-zucht in %	Thomae	Eigen-zucht in %	Boeh-ringer	Eigen-zucht in %	Thomae	Eigen-zucht in %	Boeh-ringer	Eigen-zucht in %	Thomae	Eigen-zucht in %
Mäuse	1976	134100	100	140093	100	180	100	21350	100	6310	100	982	100
	1977	126000	100	81039	100	310	100	1213	100	2345	100	1695	100
Ratten	1976	51920	95	85533	94	6260	100	24714	100	4108	100	5431	100
	1977	49530	95	114234	95	6420	100	21857	100	6560	100	2317	100
Meer-schweinchen	1976	10540	*	7209	100	10	*	113	100	–	–	4	100
	1977	9680	*	5379	100	–	–	2	100	–	–	–	–
Kaninchen	1976	1590	95	1264	100	3	100	307	100	536	100	378	100
	1977	1408	95	659	100	148	100	210	100	509	100	162	100
Katzen	1976	1356	0	2272	0	–	–	–	–	–	–	11	0
	1977	1206	0	1864	0	–	–	–	–	–	–	–	–
Hunde	1976	368	*	252	34	2	100	6	100	552	100	273	100
	1977	329	*	234	47	4	100	2	100	271	100	222	100
Hamster	1976	60	0	–	–	–	–	–	–	–	–	225	100
	1977	80	0	225	70	–	–	164	0	33	0	250	70
Küken	1976	3100	0	–	–	–	–	–	–	–	–	–	–
	1977	2300	0	–	–	–	–	–	–	–	–	–	–
Affen	1976	2	0	40	0	–	–	–	–	31	0	–	–
	1977	10	0	19	0	–	–	–	–	66	0	–	–
Nerze	1976	20	0	–	–	–	–	–	–	–	–	–	–
Schweine	1977	–	–	6	0	–	–	4	0	–	–	–	–
Tauben	1977	–	–	–	–	–	–	30	0	–	–	–	–

* = siehe Anmerkungen im Text

Boehringer teilte mir zu den Zahlen mit:
«Die Tiere stammen zum ganz überwiegenden Teil aus den eigenen Züchtungen von Thomae bzw. von Boehringer (CHBS). Ist dies nicht der Fall, so stammen die Tiere entweder aus der Zucht anderer Pharma-Hersteller (z. B. *Hamster*), von privaten Züchtern (die z. B. *Meerschweinchen* ausschließlich für CHBS züchten) oder – wie bei *Küken* – aus einer kommerziellen Brüterei. Die *Hunde* stammen zum größten Teil aus den eigenen Züchtungen, der Rest aus der Quarantäne bei Thomae.

Ab Mitte 1978 werden ausschließlich Hunde aus eigener Zucht verwendet, d. h., Beagles wurden bereits seit 1964 nur aus eigener Zucht genommen, während mischrassige Hunde ab 1976 in zunehmendem Maße in Ingelheim für CHBS und Thomae gezüchtet werden. Damit wird sichergestellt, daß in Zukunft nur noch Hunde eigener Zucht im Firmenverband verwendet werden. Zukäufe von *Ratten* und *Kaninchen* sind dann erforderlich, wenn für bestimmte Untersuchungen andere, spezielle Rassen benötigt werden. Die *Affen* stammen überwiegend aus dem Primatenzentrum Dr. Korte, Münster. Die *Katzen* kommen aus der Quarantäne von Thomae, die von einem kommerziellen Züchter beliefert wird.

MERCK

Versuchstierverbrauch 1977

Mäuse	92792
Ratten	62344
Meerschweinchen	6975
Chinesische Streifenhamster	1831
Kaninchen	2643
Katzen	1047
Hunde	619*
Schafe	4

* Eigenzucht 239, Zukauf 380.

BAYER AG

Tierart	Gesamtbedarf		Pharma-Forschung		toxikol. Prüfung	
	1976	1977	1976	1977	1976	1977
Mäuse	457315	430870	349560	341853	107755	89017
Ratten	284633	231861	113563	83178	171070	148683
Meer-schweinchen	3506	2887	2906	2302	600	585
Goldhamster	1088	819	61	39	1027	780
Kaninchen	7466	6824	1548	1258	5918	5566
Katzen	1521	498	1441	403	80	95
Hunde	1771	1270	1148	669	623	661
Affen (Rhesus)	35	74	35	32	0	42
Hühner, adulte	925	871	328	360	597	511
Hühner, Küken	25930	36440	25930	36440	0	0
Wachteln	280	419	100	20	180	399
Kanarien	632	666	10	20	622*	646*
Fische	12287	13041	87	821	12200*	12330*

* Umweltschutz

Bayer teilte mir dazu mit:
«Unter dem Begriff ‹Pharmazeutische Forschung› sind unsere drei auf dem Gebiet der Entwicklung neuer Pharmazeutika tätigen Institute zusammengefaßt:

1. Institut für Chemotherapie (Arbeiten auf dem Gebiet der Mykologie, Parasitologie und Bakteriologie);
2. Institut für Immunologie und Onkologie (Arbeiten auf dem Gebiet der Immunologie, Onkologie, Cytobiologie-Cytokinetik, Virologie);
3. Institut für Pharmakologie (Arbeiten auf dem Gebiet der Herz-, Kreislauf-, Blut- und Stoffwechselerkrankungen).

Bei der BAYER AG sind in den letzten Jahren die effektiv eingesetzten Tierzahlen rückläufig. Diese Verringerung der Anzahl benutzter Versuchstiere gelang durch konsequente Einführung neuer Methoden der Tierhaltung, Tierfütterung sowie in einer Verbesserung der Hygiene und Gesundheit der Tiere. Dadurch gelang es, einwandfrei reproduzierbare Ergebnisse an Tierexperimenten mit jeweils geringen Tierzahlen zu erlangen. Um das zu demonstrieren, fügen wir eine Graphik über ‹Änderung des Tierbedarfs› bei (s. S. 178).

Die bei BAYER benutzten Versuchstiere werden ausschließlich bei Vertragsunternehmen gezüchtet. Wir unterhalten nur für wenige Spezialstämme eine kleine werkseigene Zucht. BAYER vertritt seit Anfang 1960 die Auffassung, daß Versuchstiere nicht in der eigenen Firma gezüchtet werden sollten. In dem Augenblick, wo sich mehrere Forschungsinstitute eines Züchters bedienen, läßt sich weitgehend vermeiden, daß häufig Tiere abgetötet werden müssen, weil in dem Augenblick kein Bedarf vorliegt.»

Änderung des Tierbedarfs der Bayer AG in Prozent (Basis 1970)

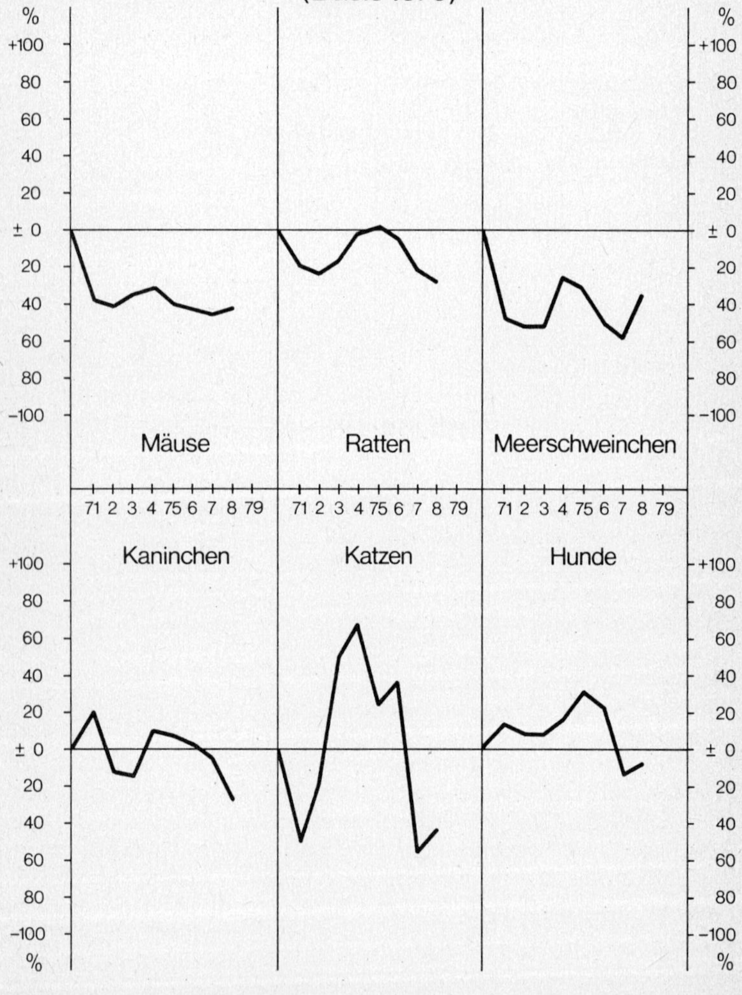

SCHERING

	1976	1977
Mäuse	209 155	156 664
Ratten	177 256	222 879
Meerschweinchen	6 839	8 904
Kaninchen	11 759	14 405
Katzen	435	706
Hunde	226	386
Affen	54	77
Hamster	150	770

Schering spezifizierte die Zahlen nicht nach Zucht und Zukauf, nannte jedoch für 1977 Quarantäneverluste bei Kaninchen (9,9 %), Katzen (22,9 %) und Affen (5,2 %).

KNOLL AG

	1977*	1976*
Beagle-Hunde	252	128
Bastard-Hunde	287	447
Katzen	572	448
Kaninchen	2 764	2 439
Meerschweinchen	5 581	12 105
Ratten	27 775	32 045
Mäuse	43 225	93 625
Goldhamster, syrisch	7 540	7 648
Hamster, chinesisch	160	98
Feldhamster	–	18

* Sämtliche Tiere wurden zugekauft.

7
Was ist zu tun?

Ich nenne sechs Wege zur Verminderung von Versuchstierzahlen:

1. Die Bundesregierung muß bewogen werden, zur Erforschung von Alternativmethoden zum Tierversuch endlich namhafte, das heißt den Aufwendungen für die Technologieforschung vergleichbare Förderungsmittel auszuweisen. Der humane Umgang mit dem Tier ist ein Teil der menschlichen Würde und hat darum Verfassungsrang, also hohe politische Priorität.

2. Dem Gebrauch von Tieren im Dienst der kosmetischen Industrie ist durch Rechtsverordnung der ihn legalisierende «vernünftige Grund» abzusprechen. Kosmetika, die nicht mit den vielen im Lebensmittelrecht als unbedenklich klassifizierten chemischen Wirkstoffen herzustellen oder deren chemische Innovationen nicht an schmerzfreier Materie prüfbar sind, dürfen – ohne Rücksicht auf ihr Ursprungsland – nicht in den Verkehr gebracht werden.
Ist dies rechtlich nicht durchsetzbar, dann müssen die Hersteller von Kosmetika, auch ausländische, gesetzlich gewzungen werden, ihren Produkten den auffälligen Vermerk aufzudrucken, daß sie oder daß sie nicht im Tierversuch entwickelt und geprüft wurden.

3. Die am Tier forschende Wissenschaft muß bewogen werden, ein interdisziplinäres Übereinkommen zu schließen, hinfort nur noch mit Tieren aus Laborzuchten zu arbeiten. Damit wäre dem elenden Katzen- und Hundefang durch oft zwielichtige Marktfiguren die kommerzielle Basis entzogen. Ein Großteil der Emotionen, die sich gegen die – auch seriöse – tierexperimentell forschende Wissenschaft richtet, hat hier ihre Wurzel.

4. Wie im Bereich der Gen-Forschung, muß auch auf dem Gebiet der Tierexperimente eine parlamentarische Diskussion einsetzen, die das Verfassungspostulat der Freiheit von Forschung und Lehre ethisch relativiert. Denn Mensch und Tier sind nur anderswertig, nicht grundsätzlich andersartig zu sehen; beide sind Teil der Natur und die Tiere Wesen im geistig-seelischen Vorhof des Menschen.

5. Das Tierschutzgesetz entmachtet sich selber, indem es alle Tierversuche, die nach dem Arznei- und Lebensmittelrecht sowie nach einigen anderen Vorschriften (Abwasserabgabengesetz, Patentrecht) vorgeschrieben sind, von der Genehmigungspflicht ausnimmt. Gerade auf diesen Gebieten aber werden einer unübersehbaren Zahl von Tieren aller Entwicklungsstufen Schmerzen, Leiden und Schäden zugefügt, die weder der staatlichen Kontrolle noch dem Strafanspruch des Staates unterliegen. Im Gegenteil: Diese Versuche werden vom Staat weit über Maß hinaus gefordert, das nach Meinung vieler Toxikologen wissenschaftlich vertretbar ist. So wird der Staat zum Anstifter von Übertretungen seines eigenen Tierschutzgesetzes. Insoweit sind alle einschlägigen Gesetze dem neuesten Stand der Forschung anzupassen.

6. Die behördliche Genehmigungspraxis ist in hohem Maße der parlamentarischen Diskussion mit dem Ziel einer personellen und fachlichen Verbesserung des einschlägigen Beamtenapparats bedürftig. Hier am Vollzug, weniger am Wortlaut des Gesetzes, haben Bestrebungen zu seiner Novellierung anzusetzen.

Diese sechs Wege führen über die Pharmaforschung hinaus in den Bereich der universitären Grundlagenforschung, der Ausbildung an Hochschulen und der experimentellen Medizin und der Chemie. Die Bundesregierung bleibt aufgefordert, endlich den Anspruch unseres Volkes, eine Kulturnation zu sein, auf allen diesen Gebieten des Tierversuchs besser zu verwirklichen, indem sie sie durch sorgfältige Faktenerhebung für die Öffentlichkeit durchsichtig und in eingen Grenzen tolerabel macht.
Wenn sich hinter diesen diskussionsfähigen Forderungen eine so große Anzahl von Bürgerinitiativen versammelt, daß diese im parlamentarischen Raum wirksam werden könnten, ließe sich Tierleid alsbald sowohl quantitativ als auch qualitativ vermindern. Für Extremisten und Fanatiker indessen ist hier wie auch anderswo in der Politik kein Platz. Wer das derzeit Unmögliche fordert – die Abschaffung *aller Tierversuche* – verhindert das Mögliche und verfestigt den Status quo.
Wer – andererseits – in der Wissenschaft das Mögliche aus kommerziellen oder pseudowissenschaftlichen Gründen (hier sind nicht wenige biologische, medizinische und chemische Diplom- und Doktorarbeiten zu sehen) zu verhindern sucht, der fördert eine Wissenschaftsfeindlichkeit, die ihm eines Tages selber zum Verhängnis in Gestalt restriktiver Gesetze werden könnte. Niemand täusche sich über die zur politischen Wirkung drängenden seelischen Nöte vieler auch gemäßigt denkender Menschen angesichts ausufernder Tierversuche.

Die Pole
sachbuch rororo
Das farbige LIFE Bildsachbuch

Die Primaten
sachbuch rororo

Die Vögel
sachbuch rororo
Das farbige LIFE Bildsachbuch

Die Insekten
sachbuch rororo

941/1

884/5

Das Konzentrationsprogramm. Konzentrationsschwäche überwinden – Denkvermögen steigern [7099]
Intelligenz macht Schule. Denkspiele zur Intelligenzförderung für 8- bis 14-jährige [7155]

GERT VON PACZENSKY
Feinschmeckers Beschwerdebuch. Brevier wider die Sünden der Gastronomie [6991]

SUSANNE VON PACZENSKY
Der Testknacker. Wie man Karriere-Tests erfolgreich besteht [6949]

Dr. L. & L. PEARSON
Psycho-Diät. Abnehmen durch Lust am Essen [7068]

LAURENCE J. PETER
Das Peter-Programm. Der 66-Punkte-Plan, mit dem man Problemen, Pannen und Pleiten Paroli bieten kann [6947]

FRIEDRICH H. QUISKE / STEFAN J. SKIRI / GERALD SPIESS
Arbeit im Team. Kreative Lösungen durch humane Arbeitsform [6926]

ALEKSANDR ROŠAL / ANATOLIJ KARPOV
Schach mit Karpov. Leben und Spiele des Weltmeisters [7149]

GÜNTHER H. RUDDIES
Psychotraining. Lebenstechnik im Alltag [6901]
Psychostudio. Von der Beobachtung zur Beurteilung des Verhaltens [6971]
Testhilfe. Testangst überwinden. Testerfolge erzielen in Schule, Hochschule, Beruf [7082]

LORE SCHULTZ-WILD
Berufe. Ratgeber zur Ausbildungs- und Berufswahl für Hauptschüler, Mittelschüler, Abiturienten, Hochschulabsolventen. Mit Begabungstest [7062]

HANS HERBERT SCHULZE
Lexikon zur Datenverarbeitung. Schwierige Begriffe einfach erklärt [6220]

RUDOLF SCHWARZ
Heilmethoden der Außenseiter. Theorie und Praxis / Erfolge und Kritik / Adressen und Kosten [7061]

HANS SELYE
Stress. Lebensregeln vom Entdecker des Stress-Syndroms [7072]

JACQUES SOUSSAN
Pouvez-vous Français? Programmierte Übung zum Verlernen typisch deutscher Französischfehler [6940]

SIEGFRIED STERNER
Die Kunst zu wandern. Wann, wie und womit Wandern zum Erlebnis wird [7089]

SIEGBERT TARRASCH
Das Schachspiel. Systematisches Lehrbuch für Anfänger und Geübte [6816]

J. N. WALKER
Juniorschach 1. Die ersten Züge. Eröffnungsspiele spielend gelernt [7144]
Juniorschach 2. Angriff auf den König. Mittelspiele spielend gelernt [7145]

W. ALLEN WALLIS / HARRY V. ROBERTS
Methoden der Statistik. Anwendungsbereiche. 400 Beispiele, Verfahrenstechniken [6091]

Dr. HEINRICH WALLNÖFER
Besser als tausend Pillen. Ratgeber der Gesundheitspflege. Mittel und Methoden zur gefahrlosen Selbstbehandlung im Krankheitsfall. Mit 100 Abb. im Text und 10 Tabellen [6152]

BERND WEIDENMANN
Diskussionstraining. Überzeugen statt überreden, Argumentieren statt attakkieren [6922]

MARTIN F. WOLTERS
Der Schlüssel zum Computer. Einführung in die elektronische Datenverarbeitung. Eine programmierte Unterweisung.
Band 1: Leitprogramm [6839]
Band 2: Textbuch [6840]

Kaufmännisches Grundwissen strukturiert.
Der Schlüssel zum Industriebetrieb
Band 1: Struktur des Unternehmens und Stellung [7110]
Band 2: Entscheidungen im Beschaffungs-, Produktions- und Absatzbereich [7111]
Band 3: Entscheidungen im Finanzbereich und großer Schlußtest mit Planungsbeispiel [7112]

Kaufmännisches Grundwissen strukturiert.
Der Schlüssel zur Bilanz [7113]

Kaufmännisches Grundwissen strukturiert.
Der Schlüssel zur Betriebswirtschaft [7135]

887/1